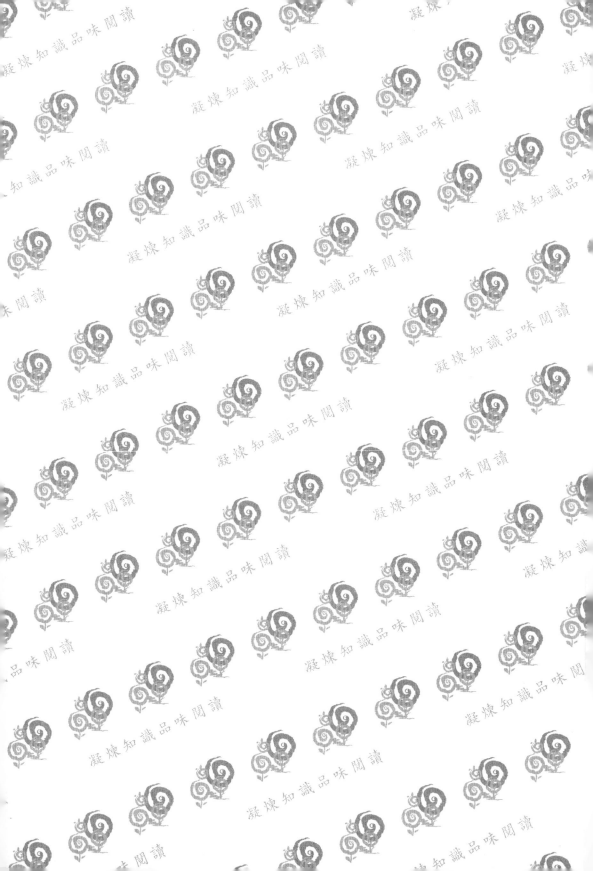

隨書附贈300題最新版會展模擬試題 (第二版) 最新修訂

第一本
會展產業活動
的入門書

圖解

如何舉辦會展活動

SOP 標準流程和案例分析

會展、觀光、房地產，是21世紀三大「無煙囪產業」

這是一本簡單易懂的辦理會展活動的基礎入門書、專業指南。
本書以有趣的實務案例，配合流程圖，
以說明書的菜單（menu）教學方式，
分享辦理會展活動的重要撇步。

五南圖書出版公司 印行　　方偉達 著

自序

　　自2012年起，開始教授國立臺灣師範大學大學部的時候，我都會思考我們需要培養出來的學生專業，出了社會能夠做什麼？我們所教的理論和實務，能不能在學生身上進行更進一步的體現？我們以有限生命中產生的學術和實務經驗，能不能陪著學生度過生命中最寶貴的大學學習時光，並且藉由協助訓練學生披荊斬棘，考上所有該考上的職業證照和研究所考試，並且順利地開拓未來的事業？

　　筆者知道普通大學的教育不是證照訓練班，不是專門訓練學生考證照的職業學校。但是有鑒於國內會展證照考試及業界競爭愈趨激烈，這幾年來在教學和實務上的經驗，促使筆者撰寫這一本鼓勵國內有志青年投入會展產業活動的第一本入門書《圖解——如何舉辦會展活動　SOP標準流程和案例分析》，這本書以有趣的實務案例，配合有條不紊的流程圖，以說明書的菜單（menu）教學方式，解析辦理會展活動的要領和秘訣。

　　其實，實務經驗能不能透過教科書或是標準作業流程（standard operation procedures, SOP）進行師徒傳授，這是值得研究的。一本頂尖的標準作業流程的教學烹飪書（cookbook），在無情的時間摧殘之下，也會在數年之後顯得老化而陳舊不堪。但是筆者思考，還有沒有空餘的時間寫一本值得時間考驗的菜單書（menu book）呢？

　　筆者每年定期在SCI、SSCI、EI、TSSCI等專業學術期刊擇要進行論文發表，每周固定時間在國立臺灣師範大學進行教學和研究，每日需要處理許多政府委託案、社團服務，以及學生論文輔導工作。然而最重要的是，陪同在臺北的家母和妻兒度過周末最寶貴的時光，包括陪著上市場買菜，讓腦筋放空一下。

　　在經常到國內外各地開會、考察和應邀演講的時間壓縮之下，筆者依然本著服務社會的熱忱，投入原來應該躺在床上補充睡眠的時間，辛勤地撰寫這本簡單易懂的基礎書。本書撰寫的目

的，是要讓有志於投入會展產業莘莘學子，不必為了考試，到處找尋會展資料，猛啃一些無益於辦理會展產業的教科書；而能夠輕輕鬆鬆，隨時在規劃會展活動的時候，有一本可以隨身攜帶的專業指南。

筆者曾經接受到哈佛大學大師級教授授課的學術和設計訓練，後來回國後將教學法區分為「指導式」、「建構式」、「解構式」教學法。在傳統指導式教學方法下，學生對於老師的指導只能亦步亦趨，很難針對一門學問進行理論和實務的揉合，並且建構一套可以自圓其說的說法；更不要說讓學生親身經歷一場解構實驗，將傳統的理論進行實務解構與理論碎解，然後創造一派新穎的本土性理論。這也是筆者取得國外博士學位，在高考及格公務人員的公職事業達到最穩定階段的時候，毅然決然放棄公職發展的機會，轉而投入國內最競爭的教學和研究行列的原因。因為筆者認為，年輕人的專業教育，是我們國家永續發展的一線希望。能夠撰寫及出版有用的教科書、科普書和暢銷的散文書，讓知識能夠永續傳承，這已經是筆者生平最大的心願了。

這本書的理論其實並不新穎，但是融合了坊間中英文會展領域書籍最新的知識和概念。在去蕪存菁之後，淬鍊出來的一本好看的實用書。本書是作者應五南圖書出版有限公司觀光書系主編黃惠娟小姐之邀，繼《休閒設施管理》、《生態旅遊》、《國際會議與會展產業概論》之後，為五南所撰寫的第四本專書。本書和前三本書不同的地方是全部理論概念化，以容易了解的圖解書的方式，融合了規劃、設計、接待、經營、管理等會展活動五大面向，將基本理論、知識及技能以最淺顯的筆法撰寫。當然，因為圖解書需要前後圖文進行對照，以及版面幅度限制的原因，很多會展活動細節的內容部分，筆者必需進行割捨，以傳達文字的精簡性和圖片的易讀性。企盼入門的讀者在選讀本書之後，可以輕鬆地跨過會展產業所需要的門檻，並且順利地投入會展產業活動的實務工作。

《圖解──如何舉辦會展活動》全書共分四篇，從基礎篇、會議篇、展覽篇、活動篇抽絲剝繭，作者在運用在國內外拍攝及

篩選的會展活動照片、圖片和檔案，勤加閱讀國內外的書籍、報刊、雜誌和論文之後，運用右腦思考法，進行創意圖像設計。本書並提供會展模擬考試試題及完整解題分析，讓讀者閱讀及練習之後，能夠恍然大悟，知道初階會展考試可能的題型，並且提早準備與自我練習。

在撰寫過程中，感謝先父方薰之將軍對孩兒的容忍和支持，包括在高中聯考挫敗，考上師大附中時不愛唸書，一天到晚搞社團，回家大聲嚷嚷：「從大門口第一張海報到美術館展覽的水彩，都是我畫的！」。先父以最大的同理心聆聽和勸告。他擔任過三軍大學教官，彙整過國軍教戰總則（也是一種SOP），學生和同僚中有五位中華民國的總司令，自然對於成功者「學歷、能力、背景、機運」有一套開創性的詮釋和見解，他認為一張文憑可以減少奮鬥二十年。這是個人努力所能夠掌握的，而無需藉著命運之神的眷顧。

筆者感謝美國哈佛大學、德州農工大學和亞歷桑那州立大學授予的三張國外文憑。感謝中華大學觀光學院蘇成田院長、張馨文主任的栽培、臺灣濕地學會前理事長郭一羽校長、監事長陳章波教授、中國文化大學環境設計學院郭瓊瑩主任的栽培，感謝愛妻伽穎陪同出國找尋資料，以及江懿德、張宇欽、劉正祥、魏弘翔、黃宣銘、陳俊豪、張博雄、林怡均、王瓊芯、黃莉芳、王姵琪諸位工作夥伴協助國內資料蒐集、案例提供，以及攝影協助。最後，感謝五南圖書出版股份有限公司編印本書，李聰成老師、張祥玉先生提供寶貴修正意見，內政部營建署、營建署城鄉發展分署、以槳創意設計有限公司對於辦理國際會議、展覽和活動的案例予以充分支持，本書才能順利出版。

方偉達

於臺北市興安華城
2011.8.31原稿
2018.10.1再版修訂

關於本書二三事

古來擎天闢地臣，何曾屢見狀元郎？

這本書不是為了大學聯考狀元寫的教科書，而是為了你我之間的一般人所寫的書。所謂的一般人就是飽受升學壓力之下，能夠掙脫煎熬，等到唸到大學畢業，仍然面對嚴峻就業問題的青年朋友。本書的主旨在於鼓勵在學校社團表現優秀的朋友，忘卻在學校學習成績老是在及格邊緣，甚至幾乎被當掉的不愉快的記憶，重拾對於「辦活動」的自信心。到了社會上，在開創事業版圖時，像是享用三合一隨身包咖啡，創造出「會議+展覽+活動」三合一式的服務產品。

然而，這樣教導如何「玩」的書籍，在市面上幾乎是寥寥可數，因為正規的教科書不談，坊間的科普書也尚未出版。在千呼萬喚之下，五南出版社黃惠娟小姐積極催生本書，這本「會議+展覽+活動：三合一教學和實務」的手冊終於問世。

面對臺灣邁向國際版圖的21世紀，我們不能夠在世界中缺席，如何教導年輕朋友玩「會展活動」，甚至玩出國際水準，這是臺灣和中國大陸在簽訂EFCA之後，所必須面臨的課題。如果您能從本書中擷取一些心得，當作是工作上的參考，那麼作者將會感到欣慰。在介紹本書之前，必須呼籲這本書「只能」提供給兩種朋友閱讀：

1. 對於學校課程感到厭倦，一天到晚想要「辦活動」的朋友：奉勸您先取得畢業證書，再研讀本書投入「會展活動」產業。因為臺灣不是美國，國內大學也不是哈佛大學，美國人比爾蓋茲（Bill Gates）從哈佛大學輟學的微軟創業史中的產業投入和創新精神，只能神往，不能學習。因為，至今比爾蓋茲想要參加哈佛校友會，他的同班同學

依舊不讓他參加。

2. 對於國際地位感到憂心，一天到晚想要「出國比賽」的朋友：奉勸您取得畢業證書之後，再加強「英文+開車+電腦」的技術。在海外爭取「國際會議+展覽+活動」的同時，需要了解國際社會對於國際貿易、海商法規、專利事務等相關行政業務的運作。如果您在取得「國際會議+展覽+活動」授權在臺舉辦的同時，請您別忘記寄一張國際會展活動邀請卡給作者，作者將很開心地和您分享出國競標，為國爭光的喜訊。

出場者

人物介紹

會小姐　Lady・Con

會小姐，中文名叫做「會芝華」，年齡不詳，天蠍座A型。她端莊有禮、沈穩內斂，但是外表親切溫柔，待人彬彬有禮，擅長分析和決斷，不愛嚼舌根式的「廢の話」。會小姐是展先生的在家幫手，但是不喜歡「展太太」的稱呼。她擅長會議籌劃與設計，從大學時代擔任公司會場服務小姐，賺取工讀費唸大學。目前在業界協助舉辦會議活動已經超過10年。會小姐的簡稱為「Lady・Con」（發音：la-dy dot con），意思是會議專業規劃者（meeting and convention planner）。本書中她會以親身的經驗，教您如何舉辦會議。

展先生　Ex-Man

展先生，中文名叫做「展召仁」，年齡約37歲，水瓶座O型，擅長「招商展覽」。他希望同業尊稱他為「Expo Man」。但是，同業卻堅持叫他「Exit Man」，簡稱「Ex-Man」。原來每次會展開幕的重要場合，大家找不到他，卻最後在出口處（Exit）發現他正好整以暇地和客戶聊天，所以尊稱他為「Exit Man」（出口先生）。展先生周遊列國，到過許多國家，在臺灣引進國際知名的展覽，具有舉辦展覽活動13年以上的經驗。在本書中他會以親身的經驗，教您如何舉辦展覽。

樂活兒　Baby LOHAS

樂活兒，中文名叫做「展樂活」，6月生，雙子座O型，學齡前小女孩。因為出生的時代強調節能減碳愛地球，所以外表「重商主義」的爸爸，稱呼她為「樂活」（Life of Health and Sustainability, LOHAS）。Baby LOHAS小名「樂活兒」或「展展」。她從小喜歡參加活動，常常趁爸爸不注意時，跑到每個攤位「串門子」而走丟；但是聰明的她會自己到服務台自動掛失，請播音姊姊宣布：「展爸爸，你的女兒展展在服務台找您，請您到服務台領取您的女兒。」

本書架構

第一篇	第二篇	第三篇	第四篇
	會議篇	展覽篇	活動篇
基礎篇	1 什麼是會議？ 2 會議如何籌備？ 3 會議如何設計？ 4 會場如何安排？	1 什麼是展覽？ 2 展覽如何籌備？ 3 展覽如何設計？ 4 展覽如何管理？	1 什麼是活動？ 2 活動如何籌備？
What?			
How?			
Know-How!			
Check			

MICE × EVENT

Part 1　基礎篇

掌握辦理會展活動的基礎
——了解SOP標準流程關鍵

第一章　本書的基礎

一、給初出茅廬年輕人的話：何謂「一元伯」
　　（ECOB）？

二、什麼是會議、展覽和活動？

三、什麼是會展活動從業者的人格特質？

四、會議展覽活動的成本概念是什麼？

 專題
講座　**提升會展活動實踐力講座 1**

臺灣為什麼要舉辦會展活動？

本章題組

一、給初出茅廬年輕人的話：何謂「一元伯」 （ECOB）？

舉辦會展活動是大學社團學習作用力的延升

▶▶▶ 這個社會不是為班上成績第一名的學生而存在的

> 千年科舉十年夢，一朝魚躍登金榜；
> 古來擎天闢地臣，何曾屢見狀元郎？
>
> ──方偉達（1986.11，時年20歲）

人的一生大約80年，其中在學校學習的年數約為16～18年，如果以65歲退休的銀髮族來說，在職場工作大約為40年的時間。這40年的時間，是怎麼分配的呢？

如果我們觀察每10年舉辦一次的同學會，看看大家在嘰嘰喳喳些什麼話題，我們就可以知道從「社會新鮮人」到「社會保鮮人」所關心的是哪些議題。剛開始的第一個10年，同學討論的是和老闆（男性話題）、男朋友（女性話題）之間的關係；第2個十年，談論的是工作職務和同事之間關係；第3個十年，談論的是家庭關係和子女在學校的表現；等到第4個十年，閒聊的是個人健康問題和子女在大學和社會上的表現。

隨著時間的歷練，我們可以發現，原來在班上成績第一名的同學，在剛開始參加同學會時，還能侃侃而談；但是，隨著時光的流逝，他們來參加同學會的次數越來越少，對於在職場和家庭關係方面，表現得也越來越不亮眼，甚至對於生活牢騷滿腹，看得出來在職場、婚姻及家庭生活中過得很不開心，甚至感覺到「叫我第一名」的同學早就失去第一名的光彩。這發生了什麼問題呢？

原來，這是我國的學校教育學生評鑑成績制度出了問題。所謂的第一名，只是在校考試成績的第一名，不代表他也是出了職場之後，在「社會

大學」中，也能名列前茅。因此，我們在這裡強調，考試不代表一切；但是沒有考試，您也可能沒有一切！希望「叫我第一名」在出了校門之後，請收回「第一名」的光環，好好地思考「人生保鮮」法則（Fresh Keeping Rule, ECOB）。這個法則又名「一元伯」（國臺語發音：YI-KO-BEI）。因為在會展活動產業職場上，只有業績的第一名，而沒有考試成績的第一名。那些學校考試成績雖然不一定理想，但是社團活動績效優異的年輕朋友，他們反而可以常保新鮮，充滿了在職場競爭的作用力。

人生保鮮法則＝學歷＋能力＋機運＋背景

Fresh Keeping Rule（ECOB）

= Education + Competence + Opportunity + Background

社會新鮮人在學校舉辦會展活動的歷練

㈠高中

    1.參加高中學校社團

    2.擔任高中學校社團幹部

    3.因為活動績優獲得推甄進入大學

㈡大學

    1.參加大學學校社團

    2.擔任大學學校社團領袖

    3.規劃或協辦會議展覽活動獲得國際或是國內獎勵

㈢職場

    1.取得證照考試資格

    2.順利進入會議展覽活動職場

給初出茅廬年輕人的話：「人生保鮮法則」

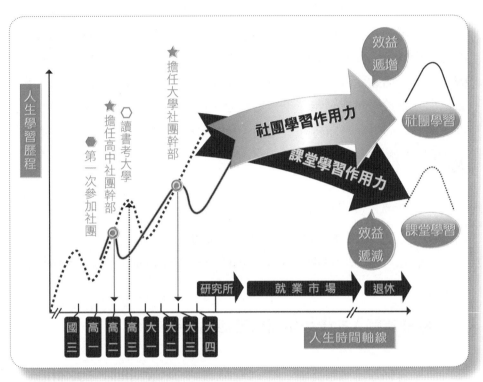

▲圖1-1　人生學習過程

二、什麼是會議、展覽和活動？

會議、展覽、活動簡稱為「會展活動」

▶▶▶　依據主題設定，在特定時空，許多人聚集在一起的交流活動

　　「會展活動」是指會議、展覽、以及大型活動的簡稱，又可簡稱為「會展」。會展活動在定義上來說，是指許多人在一定的時間、空間之下聚集，形成的社會交流活動。以大型的活動來說，包括了：世界博覽會、展覽會、大型會議、體育運動、文化活動、節慶活動、獎勵旅遊等內涵。

　　目前的會展活動又稱為MICE，MICE是「M+I+C+E的簡稱」。

　　　　M：Meetings（會議）。

　　　　I ：Incentive Travel（獎勵旅遊）。

　　　　C ：Conventions（協會或社團組織的大型會議）。

　　　　E ：Events & Exhibitions（節慶賽會活動及展覽）。

　　讓我們思考一下會議、展覽和活動這三個不同系統的概念，以及這三個系統是否具備交集和聯集之間的關係？

　　會議和展覽之間的不同是，會議不是以交易為目的，純粹就是依據會議的流程，討論出會議的結論，以達到大多數與會者的共識。但是，因為商業的需要，有的展覽，例如B2C型的展覽（企業對顧客；business-to-consumer, B2C），容許有商業交易的目的和行為；但是也有些B2B型的展覽（企業對企業；business-to-consumer, B2C），不容許現場進行交易。

　　展覽和活動不同的是，展覽大多是靜態的展示，活動大多是動態的行為。但是，博覽會結合展覽和活動，所以具備動態和靜態的形式。

　　會議和活動不同的是，許多會議是公司的內部業務會議，所以不公開，但是舉辦活動就是希望匯集人潮，所以多半以公開的形式來舉行。

　　會議、展覽和活動之間有具備著密不可分的關係。例如，在召開大型會議的時候，同時也以舉辦相關會議的展覽；或是說舉辦大型展覽的時

候，也同時舉辦專業會議。至於舉行會議和展覽（會展）時，也可以搭配進行旅遊活動，這些活動就像是「套餐」，可以依據參加者不同的屬性來安排。

由於會議、展覽和活動之間關係密切，形成相互的鏈結作用，以充分發揮人流、物流、資金流，以及資訊流。會展產業整合了人類活動的時間、空間和財富向度，形成城市經濟發展的正向驅動力。

Tips

MICE的分類

會議類：M（會議）。

活動類：I（獎勵旅遊）。

會議類：C（政府、公司、協會，或是社團組織的大型會議）。

活動類、展覽類：E（節慶賽會、活動和展覽）。

三、什麼是會展活動從業者的人格特質？

掌握時間、空間和經費的特質

▶▶▶ 會展活動從業者服務態度要好、腦筋要學會靈活、時間要學會把握、空間要學會規劃，到經費要學會撙節

會展活動是集合資訊、人才和技術為一體的產業交流、服務和展現活動，對於服務產業提升、產業結構的調整具備更新的作用。在了解會展活動產業特性之後，我們了解這是一個非常「活」的產業。因此，不是腦筋動得快，服務態度好，基礎底子打得好的朋友，則很難在這個產業中成為佼佼者。

會議、展覽、活動簡稱為「會展活動」

▲圖1-2 會議、展覽、活動三角關係

　　一場專業的會展活動，需要專業人才的參與。那麼，要招募會展產業的新進人才，應該要注意最重要的關鍵是什麼呢？可能很多年輕人都不會注意這是企業徵才最重要的因素吧？

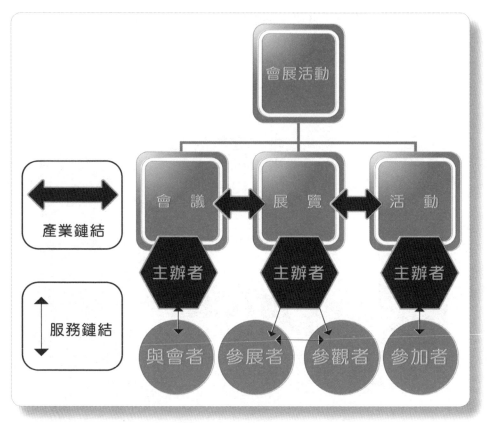

▲圖1-3　會展活動產業和服務鏈結關係

那就是「態度」！「態度」決定一切！

挪威學者傑森，對於專業人才的「態度需求」設計了一個簡單的定義。這的定義的關鍵在於「態度」的驚人效果。我們運用這個觀念，設計下列簡單的公式，以進行專業人才的招募。這個公式是：「能力等於知識加技能的態度平方」。

$$能力＝（知識＋技能）^{態度}$$

所以，依據上面的公式，在會展產業進行招募新進人才的時候，要特別強調需要下列的人格特質：

(一)執行業務的能力：能夠依據有限的會議籌備時間、有限的展覽籌備空間，以及有限的舉辦活動經費，發揮卓越的創意才華，主動執行工作計畫，同時按時完成上級交付的任務。

(二)管理時間的技巧：了解結案工作的時間壓力，並且能夠按照事務的優先次序，循序漸進地完成所有的工作。

(三)服務顧客的態度：維持會展活動中的顧客關係，並且能夠照顧到顧客的需求，藉由顧客對於個人的信賴關係，來達到個人和企業的集體利益共同體的關係。

Tips

會展活動從業者的人格特質＝時間＋空間＋經費

The excellent MICE's practitioners are practically in charge of their own limited time, spaces, and funding opportunities.

四、會議展覽活動的成本概念是什麼？

掌握會展活動的有限利潤，必先考慮所需的成本

▶▶▶ 所謂的成本包含了一般成本、空間成本，以及時間成本

在會展活動創新開發的過程中，會展產業擁有「三合一」商業模式的「橋樑作用」，例如：「生產者→中間商→消費者」、「參展者→主辦者→參觀者」。

在這裡，我們可以稱呼「中間商」或是「主辦者」就是商業行為中的鏈結者。例如，中間商鏈結生產者和消費者，主辦者鏈結參展者和參觀者。什麼是其他產業呢？那就是生產者。在會議、展覽和活動產業的鏈結中，位於前端的生產者，是第一產業（農業）和第二產業（工業）。位於

會展活動從業者的人格特質：「態度」決定一切！

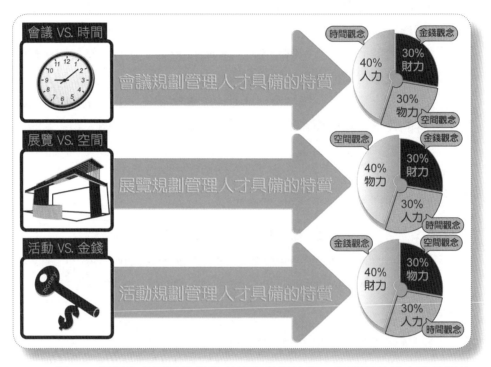

▲圖1-4　優秀的會展活動從業者擁有掌握時間、空間和金錢之間良好的觀念

中端的是第三產業，也稱爲服務業。位於後端的是消費者。「中間商」是「服務業」，稱爲生產者和消費者之間的橋樑。我們運用這個概念，以展覽產業爲例，位於前端的是「參展者」，位於中端的是「主辦者」，位於後端的是「參觀者」，主辦者是參展者和參觀者之間的橋樑。也就是說，參展者和參觀者都是主辦者的「衣食父母」。如有在舉辦會展活動的時候，在招商及產品展售時服務不周，很可能會損及主辦者及參展者在會展界的信譽。

態度決定一切

$$C=(K+S)^A$$

能力：C=Competence

知識：K=Knowledge

技能：S=Skill

態度：A=Attitude

▲圖1-5　中間商是生產者和
　　　　消費者之間的橋樑

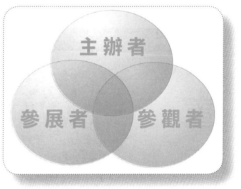

▲圖1-6　主辦者是參展者和
　　　　參觀者之間的橋樑

　　會展界屬於商業圈的一環，所以「在商言商」在所難免。在商場上，考慮的是一般會計成本，這些成本概念考慮的是生產成本、勞務成本和土地成本；但是在會展界，考慮的成本應該不只是一般成本而已，而是在會展服務時考慮的機會成本，包括人力、物力和財力所涵括的時間及空間成本等：

　㈠會議成本＝40%時間成本+30%空間成本+30%一般成本

　㈡展覽成本＝40%空間成本+30%時間成本+30%一般成本

　㈢活動成本＝40%一般成本+30%時間成本+30%空間成本

會議、展覽、活動的成本概念

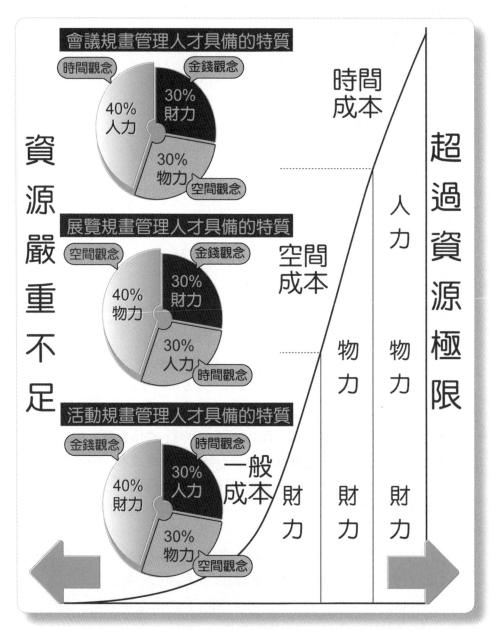

▲ 圖1-7　確保人力時間、物力空間和財力成本的有效資源利用

提升會展活動實踐力講座 1

臺灣為什麼要舉辦會展活動？

臺灣位處亞洲東隅，資源相當缺乏。然而，隨著國際貿易及兩岸貿易的相繼開展，為國內經濟創造繁榮的契機。在1960年代，臺灣在國際經濟舞臺上以加工出口業開始發跡，依據國際產業標準進行生產，累積產業的技術。到了1970年代，隨著石油危機造成物價上漲，為了要降低成本，世界各國著名廠牌開始找尋可以信賴的工廠進行原廠委託生產代工製造（Original Equipment Manufacturing, OEM），到了1980年代，臺灣除了可以提供OEM的代工服務之外，同時進一步為國際知名品牌提供設計、製造、生產、組裝、成型等代工的服務（Original Design Manufacturing, ODM）。

隨著代工產業的毛利潤越來越低，臺灣的製造產業雖然掌握著先進的生產和製造技術，但是對於高科技產業，仍然沒有掌握到全球交貨、維修、行銷和服務的商業模式，造成許多高科技產業的主要利潤，為原有品牌廠商蠶食鯨吞。目前臺灣大多數廠商，仍然都是以高科技的代工產業為主，較少有自有品牌，更不要說以自有品牌進行全球行銷。因此，在接到國際知名大廠訂單的時候，由於臺灣的土地成本、建廠成本，以及人力成本越來越高的狀況下，為了尋找可行的替代工廠設置地點，大多遠赴中國大陸尋找商機。這些廠商為了貪圖便宜的土地成本、臺商稅賦減免的優勢，以及便宜的生產組裝人力，以廉價的成本維持產業的競爭能力；卻沒有想要說創造自有品牌，以品牌創新的價值，重整產品行銷管道和通路。

隨著國際貿易和兩岸貿易的相互依存度越來越高，在臺灣舉辦會展活動，招攬國外客戶到臺灣參展，並且以自有品牌展現臺灣優越的生產技術，是最有效的行銷方法。根據經濟部的估計，在2019年臺灣會展產

業產值為新臺幣482億元（詳如本章末P.22，表1-1）。如果我們不談會展產業的自身價值，光是舉辦會展產業，其附加價值都比其他的產業價值來得高，估計每投入1元的會展投資，至少可以帶動9元的經濟效益。

一般來說，會展產業是一國經濟的「火車頭」，又可以稱為一國的「櫥窗產業」。除了可以加強一國經濟、社會、文化和環境在國際間的宣導之外，此外，也可以加強產品外銷和產品內銷的交流關係。例如：在企業對企業的B2B型展覽，往往存在著巨大的潛在經濟利益，雖然不容許現場進行交易，但是可以邀請國外主要買主來訪，增強對於高科技創新產品的說服力。在產品進行一定規模之後，為了要拓展創新產業生產線；或是要出清存貨（例如：在金融危機的情形之下，受到國際市場消費萎縮的影響，通過展銷會轉化為產品內銷的方式，出清原有產品），則透過B2C型的促銷手法，進行高檔產品降價的銷售方法。

▲圖1-8　會展產業是內銷產業和外銷產業之間的橋樑

　　隨著國際化時代的來臨，臺灣為了要增加在國際上的曝光程度，一定要強化臺灣意象，例如在國際宣導場合中，讓外國人可以進行Taiwan和Thailand的區隔。

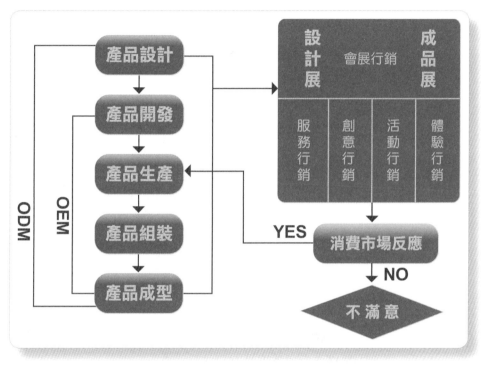

▲圖1-9　會展產業是內銷產業和外銷產業行銷的通路來源之一

本 章 題 組

（　　）1. M.I.C.E.中，所謂I.的英文應如何拼？　(A) International　(B) Independent　(C) Incentive　(D) Informal。

　　題解：(A) 國際的　(B) 獨立的　(C) 獎勵的；激勵的　(D) 不是正式的。

　　所以本題的答案是(C)。

（　　）2. 劍橋字典對「Incentive」的註解為「讓接受指令的一方樂於執

行指定事項的措施」，所表達的措施是： (A) 哀求 (B) 請示 (C) 命令 (D) 鼓勵。

 題解：獎勵旅遊（Incentive Travel）通常以娛樂為目的，而非以教育或是訓練為目的。獎勵旅遊是因為鼓勵公司員工為公司辛苦耕耘，而舉辦的公司集體旅遊活動。

  所以本題的答案是 (D)。

(   ) 3. 2010年舉辦的上海世界博覽會和臺北國際花卉博覽會屬於：

 (A) Event (B) Seminar (C) Convention (D) Workshop。

 題解：(A) 活動（Event）指的是特殊的活動（special event），例如說超大型活動（mega event）包含了奧林匹克運動會、世界運動會、國際博覽會等舉世矚目的活動。

  (B) 討論會（Seminar）通常指的是有主持人的小型討論會，又稱為「講習會」或是「學習班」。

  (C) 大型會議（Convention）是依據企業、民間團體或是政治組織的成員需求，舉辦的大型集會。

  (D) 工作坊（Workshop）指的是一群成員針對一種或是數種技術、知識和問題進行實務操作、教育訓練和相互研討的小型進修會議。

  所以本題的答案是 (A)。

(   ) 4. 下列何者是商品陳列者？ (A) Exhibitor (B) Visitor (C) Participant (D) Moderator。

 題解：(A) 商品陳列者，又稱為展出者。「展出者」（exhibitor）和「策展者」（curator）不同，「策展者」指的是展覽策劃人，在策展者進行籌劃、組織和管理之後，再由「展出者」（exhibitor）進入場館進行展品的陳列展示。

  (B) 旅客（visitor），旅客的範圍包括觀光客（tourist）和

遊客（excursionist）。

(C) 會展活動中的參與者。

(D) 會議中的主持人。

所以本題的答案是(A)。

（　　）5. 在會展產業中常聽到B2C、B2B，請問下列何者為正確的名詞定義？　(A) 企業對顧客的方式進行交易、企業對企業的方式進行交易　(B) 企業對顧客的方式進行交易、顧客對顧客的方式進行交易　(C) 顧客對顧客的方式進行交易、企業對企業的方式進行交易　(D) 企業對企業的方式進行交易、顧客對顧客的方式進行交易商務。

題解：(A) 企業對顧客的方式進行交易、企業對企業的方式進行交易　Business to Customer（B2C）、Business to Business（B2B），有時候可以用短橫線進行連結，如Business-to-Customer（B2C）、Business-to-Business（B2B）。

所以本題的答案是(A)。

（　　）6. 因為新冠肺炎疫情爆發，2020年下半年國際會議逐漸減少，44%會議延期、30%採用虛擬會議，14%取消會議，9%不受影響，2%採取混合會議（hybrid meeting），以及1%更改地點。何謂混合會議？　(A) 網路會議和實體會議一起辦　(B) 網路會議　(C) 實體會議　(D) 虛擬實境會議。

題解：由於額外的物流和成本，全世界從2020年8月開始，混合會議（2%）獲得更多關注。其中一部分觀眾從實體的會場加入，另一部分觀眾從遠程加入，通過音訊和視訊會議技術的操作，關注於會議內容的共享。

所以本題答案是(A)。

樂活兒時間

（樂活兒看到M.I.C.E）

樂活兒：媽媽，好大的M，那是麥當勞嗎？

會小姐：不是，Mice是Mouse的複數，意思是「一群
　　　　老鼠」。

樂活兒：我不要小老鼠，我要麥當勞！

展先生：Good，展展，妳要小熊維尼嗎？麥當勞都
　　　　是～為你（維尼）。

會小姐&樂活兒：你好冷喲！

會小姐正解

MICE通稱為會展產業，是M.I.C.E四個英文單字的縮寫，其中包含了會議類的M，M是Meeting的簡稱，一般來說，稱為公司業務會議。另外還有活動類的I，I是Incentive的簡稱，Incentive有動機、激勵和鼓勵的意思，在此以Incentive Travel代表獎勵旅遊。在會議類方面還有C，C是Convention或是Conference的簡稱，是協會或社團組織的大型會議。在活動類和展覽類方面，E是Exhibition（展覽）或是Event（節慶賽會活動）的簡稱。目前MICE的稱呼已經通行亞洲國家，但是歐美人士不喜歡MICE的另一種稱呼——老鼠的複數型，所以他們不見得很喜歡用MICE這個名詞，通常用會議產業（Meetings Industry）或是展覽產業（Exhibition Industry）來代替。

▲ 圖1-10　會展產業是一國經濟的「火車頭」，又可以稱為一國的「櫥窗產
業」。圖為2010～2011年台北花卉博覽會，參觀人數896萬人，
帶動的經濟效益達新台幣188億元。

表1-1　2019年及2017年臺灣會展統計

項目　　　　　　　　年	2019	2017
產值（新臺幣億元）	482	440
在臺舉辦之國際會議場次	291	248
在臺舉辦之企業會議暨獎旅場次	132	120
在臺舉辦之展覽數	284	270
來臺參加會展之外籍人士人數	314,446	265,000
PEO/PCO之就業人口數	2,216	2,126
外籍人士來臺參加會展活動經濟效益（新臺幣億元）	356,6	246
UFI認列B2B展覽銷售面積（M^2）／亞太區排名	885,000/6th	847,750/6th
ICCA認列協會型國際會議場次／亞洲國家排名	163場/4th	141場/7th
主要展館之面積（M^2）及攤位數（$9M^2$）	174,658/12,021	170,778/9,917

資料來源：經濟部

第二章　　會展活動產業

一、會展活動和哪些產業有關？

二、什麼是會展活動產業的供應鏈？

三、會展活動產業需要政府的協助嗎？

專題
講座　**提升會展活動實踐力講座 2**

臺灣如何提升會展活動產業？

本章題組

一、會展活動和哪些產業有關？

創造會展的產業鏈結㈠

▶▶▶ 你了解什麼是會展活動產業的PCO、PEO和DMC嗎？

　　國際上有三大會展組織，依序為國際會議協會（ICCA）、國際會展協會（IAEE）和國際展覽業協會（UFI）。依據ICCA針對會展產業的分類，會展產業主要包括以下的行業：旅行社、航空公司、會議展覽顧問公司、觀光局或會議局、會議展覽中心、旅館、周邊協力廠商等。

　　簡單來說，會展產業可以分為上游產業、中游產業和下游產業，這些產業形成產業的鏈結關係，說明如下：

㈠產業上游：擁有會展活動的主辦權，例如：主辦單位、承辦單位，或是經由主辦單位、承辦單位委託的協力單位，例如：會議顧問公司（PCO）、展覽顧問公司（PEO)，上游產業具備獨立開發會展活動，以及規劃、運作會展活動的能力。

㈡產業中游：擁有會展活動的經營權，例如：協助會展活動提供場館、設施、服務的目的地管理公司（DMC）。有時DMC自有展覽展臺設計及裝潢設備。

㈢產業下游：擁有會展活動的服務權，這些服務包含DMC委託周邊協力廠商解決下列的活動事項：會議或活動場地、電腦網路、投影視訊、會場設計及裝潢、舞臺布置、音響工程、燈光特效、同步翻譯等視聽設備、公關行銷、公關禮儀、媒體廣告、法律諮詢、活動企劃、廣告媒體、平面設計及印刷、觀光旅遊、商務服務、旅行社、周邊娛樂設施、餐飲及住宿、禮品贈品公司、保險、物品租賃、展品交通運輸等活動，並且協助克服語言障礙，提供免稅的供應商商品服務。

Tips 什麼是國際三大會展協會呢？

1. 國際會議協會（International Congress and Convention Association, ICCA）ICCA成立於1963年，總部設於荷蘭阿姆斯特丹，其會員均以公司組織為單位，目前超過92個國家的957個成員。

2. 國際會展協會（International Association of Exhibitions and Events, IAEE）IAEE成立於1928年，總部設於美國，該協會擁有知名的IAEE服務公司，提供展覽和活動行業各項相關產品和服務。IAEE會員超過12000人，並擁有16個支會。

3. 國際展覽業協會（Union des Foires Internationales, UFI; 英文為Union of International Fairs)UFI是全球展覽業最重要的國際性組織，原名國際展覽聯盟。UFI成立於1925年義大利米蘭，目前總部設於法國巴黎。2003年該組織更名為國際展覽業協會，仍簡稱UFI。UFI的讀音應按照法語字母的發音，將U讀成「烏」。

二、什麼是會展活動產業的供應鏈？

創造會展的產業鏈結㈡

▶▶▶ 會展產業像是車輪般地向前進行！

　　會展產業（MICE Industry）是會展活動（MICE event）的產業主體，由會展活動形成產品－服務「價值鏈」（value chain），形成從「核心產業－相關產業」的層層循環，這種產業的循環像是車輪一般，可以區分為下列的特性：

會展活動約略可以區分為上、中、下游產業

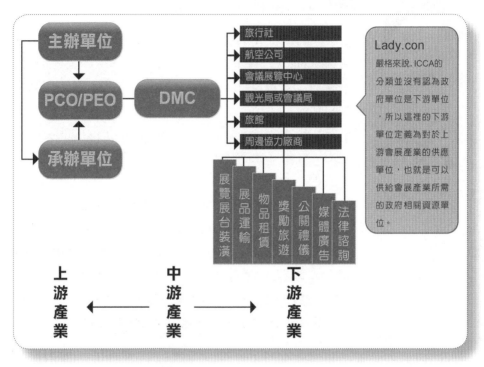

▲圖2-1　會展產業組織結構

㈠價值鏈上游：其中包含會展主（承）辦單位、展館承包商、會展服務產業、周邊配套服務產業、政府及相關管理部門。這些原來會展上、中、下游產業結合為會展活動產業的供應鏈，提供的是「服務」。

㈡價值鏈中游：其中包含參展商。參展商是產品的供應商，由會展產業提供的各項會展服務中（例如：租賃展示攤位、舞臺、會議室），提供觀眾或是主要買主（buyers）的產品供給或是供給機會。

㈢價值鏈下游：觀眾及主要買主是最下游的機制，主要買主可以是一般的顧客群（customers）或是企業買主（business buyers）。

Tips

1. PCO
   專業會展籌辦單位（Professional Conference/Congress Organizer, PCO）：簡稱為「會議顧問公司」。
2. PEO
   專業展覽籌辦單位（Professional Exhibition Organizer, PEO）：簡稱為「展覽顧問公司」。
3. DMC
   目的地管理公司（Destination Management Company, DMC）：DMC的服務包括：策劃會議、展覽、獎勵旅遊等活動。

　　在價值鏈中，由會展產業提供「服務供給」給參展商，參展商提供「產品供給」給買主；在「產品需求」方面，買主提出需求，由參展商給予滿足；而參展商對於參展環境的「服務需求」，由會展產業者給予滿足。因此，由哈佛大學教授麥可·波特（Michael Porter）在1985年提出的價值鏈（value chain）概念，我們可以引申到會展產業，由上游廠商提供會展服務，將中游產業發展出來的產品通過會展活動的管道，到達買方的手中。在這個產業鏈結中，企業產品由會展活動鏈結到了買主的價值鏈。而在滿足價值鏈的供需過程之中，是由「供應鏈」（supply chain）的買賣過程進行。

　　波特認為，現代企業的競爭，主要是供應鏈（supply chain）提供的價值競爭，從供應鏈可以觀察到加值型會展服務業的新商機。

　　通過會展活動，我們可以將會展主（承）辦單位、參展商、設施商、旅館、會議交通產業、參展服務承包商、場地管理公司、餐飲服務商、展覽設計、協會團體、影音設施商及觀眾等，聯繫成一個牢不可破的「會展價值鏈」。

Tips

會展產業如何滿足主要買主的需求？

滿足買主祕訣＝高品質＋低成本＋快速的產品資訊＋快速回應買主需求

三、會展活動產業需要政府的協助嗎？

創造會展的產業鏈結㈢

▶▶▶ 政府投入資源讓會展產業綻放「微笑」

　　我們觀察到一場會展活動，可以替不同的產業，創造多元的價值。也就是說，舉辦會展可以協助不同的顧客，創造多元的附加價值（added value）。

　　這個附加價值的理論，在宏碁集團創辦人施振榮先生於1992年發明「微笑曲線」（Smiling Curve）之後，產生了重大的變化。微笑曲線是用附加價值的高低，來觀察一個企業是否具有競爭力？我們從第一張圖的橫軸看來，由左到右代表了一種產業的上中下游，最左邊是研究，中間是製造，在右邊是行銷。而縱軸則代表了附加價值。從市場的競爭來說，施振榮先生認為，微笑曲線左邊的研究設計代表了研發能力，以專利和技術爭取到全球性的競爭；右邊的創意和品牌象徵著行銷能力，可以用品牌和服務贏得地區性的競爭。「微笑曲線」說明的是一種用上中下游分工的方式，增加產業附加價值的曲線。宏碁的策略是說明，臺灣的電腦產業，是否還是以代工製造（OEM），來繼續進行電腦業附加價值最低的部分？

　　當然，臺灣後來走向了設計、製造、生產、組裝、成型等代工的服務（ODM）。意思是從研究、設計、開發的角度，爭取到專利技術的高附

會展產業活動像是車輪一般地向前進行

▲圖2-2　會展產業活動的價值鏈

加價值。在這方面，宏碁集團在圖左邊的附加價值，是以專利價值減去研發成本，集中精力發展附加價值更高的電腦技術研發。

在微笑曲線上，我們了解到附加價值的觀念，其次是了解產業的競爭型態，而這兩方面，其實都是需要政府的獎勵和補貼政策。過去政府針對高科技產業，用圈地的方式營造工業園區、科技工業園區，或是科學工業園區，讓廠商在土地成本降到最低的情況之下，進行生產組裝的工作。但是在1990年到2010年，臺灣的大型工業園區不斷地發生工安環保事件，政府購買土地，租給財團建造廠房，在產業在價值鏈的創造過程中，產生了土地和環保的公共負擔。這種補貼政策，補貼的是「微笑曲線」中，廠商透過生產或製造而創造的較低的價值。所以，我們希望政府仿照國外會展產業國家，以會議及旅遊局（Convention and Visitors Bureau, CVB）擔負起政府部門的價值鏈創造過程。仿照世界各國的CVB，進行會展經費補助、興建會展場館、協助入境通關、進行機場宣傳、改善觀光環境，促成知名國際會展在臺灣舉辦，以增加臺灣會展和臺灣產品的「品牌價值」。

Tips

附加價值 ＝ 廠商透過生產或製造而創造的價值 ＋（專利價值－研發成本）＋（品牌價值－服務成本）

專題
講座

提升會展活動實踐力講座 2
臺灣如何提升會展活動產業？

臺灣內銷的市場不大，外銷市場受到國際經濟景氣的影響，在2008年產業受到衝擊。此外，我們觀察居於品牌服務創新的會展行銷產業方

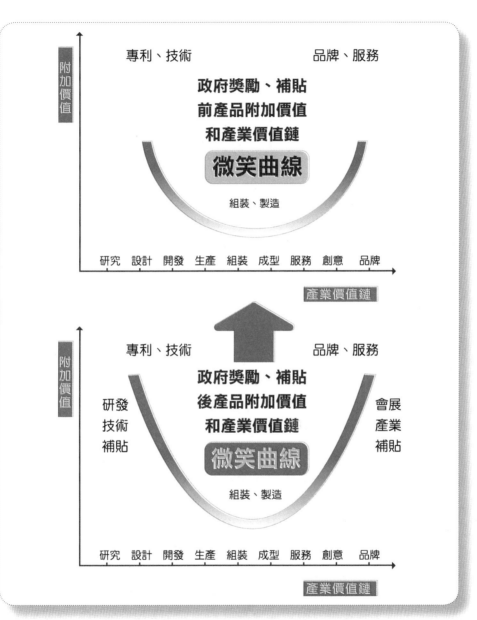

▲圖2-3　政府補貼會展產業，會讓微笑曲線的右弦上揚

面，由於規模經濟較小的關係，很難發展成爲大型的會展企業。因此，目前的會展顧問公司的規模太小，在舉辦國內外會議展覽活動時，大多數的會展顧問公司自有資金不足，多數的公司需要政府給予計畫活動項目的補貼，否則無法在市場生存。在國內市場日益競爭激烈的環境之下，會展產業相當辛苦，而且因爲無法得到政府的補貼，門票收入也不高的狀況之下，形成獲利率低，導致人才流動也高，形成會展產業的隱憂現象。

由於會展公司在國際市場競爭力較弱，因此，需要政府以成立國家會議及旅遊局（Convention and Visitors Bureau, CVB）的方式，結合「獎勵旅遊＋會議＋展覽＋大型活動」的主辦方式，創造政府部門的價值鏈「興利」模式。

目前，我國的會展產業，主要由經濟部國際貿易局主導，推動「臺灣會展躍升計畫」。「臺灣會展躍升計畫」整合MICE產業，包含：生產、加工與製造等第二級產業，及行銷、旅館、餐飲、觀光等第三級產業的特性，支援產業發展，帶動出口外銷，提供技術、文化與學術交流的合作平台，以展現國家軟硬體建設的整體發展實力。在2010年，協助會展產業發展的《產業創新條例》通過實施，除了第10條規定，公司投資於研究發展支出金額的15%可以抵減營利事業所得稅之外，提高了微笑曲線的左弦。同時，爲了鼓勵產業發展品牌，對於企業以推廣國際品牌、提升國際形象爲目的，而參與國際會展、拓銷或從事品牌發展事項，政府予以獎勵、補助或輔導（第16條規定），提高了微笑曲線的右弦。

以臺灣會展產業民間最大的投資進行分析，主要爲會展硬體產業的更新，例如：大型旅館投資計畫，以及會議設施興建及改善計畫。政府部門在興建展覽館或是會展中心等計畫，則爲政府投入資金興建；或是採取BOT案的方式進行。例如，政府推動「南港展覽館擴建」（國家會展中心）及「高雄世界貿易展覽會議中心」（高雄展覽館）兩大指標性工程完工之後，可以滿足國內會展市場的需求。

　　隨著兩岸政治情勢和緩、貿易政策鬆綁及經貿自由化的結果，近三年來臺商回臺灣投資的情形持續成長，在全球經濟景氣逐漸復甦的時候，我們著眼於海峽兩岸在2010年簽署兩岸「經濟合作架構協議」（Economic Cooperation Framework Agreement, ECFA）之後，首開兩岸免除雙方關稅，提出早收清單，並進行優惠市場開放條件的協商，可望提升我國會展相關產業的質與量。

　　此外，鼓勵國外及大陸企業來臺設立分公司及辦事處，藉由商務投資創造就業機會，以提高國內投資績效，並且快速帶動會展產業的成長。藉由會展活動，可以帶動旅館、航空、餐飲、廣告、觀光旅遊業等周邊產業的復甦，而且可以營造商機。

Tips

山要BOT，海要BOT，會展也要BOT？

　　所謂的BOT，是Build-Operate-Transfer這三個英文單字取第一個字頭的簡稱。指的是政府和民間公司對於重大投資案的三個步驟：第一個步驟是Build（由政府委託民間公司來進行建設），第二個步驟是Operate（民間公司建設好了之後，繼續營運50~100年），第三個步驟是Transfer（最後民間公司再將建設好的重大工程轉移給政府）。為什麼需要BOT呢？政府完全承擔建造風險不是很好嗎？由於世界各國政府都遇到財政困窘的問題，為了要擺脫承造和營運風險，並且可以防止民意機關從中作梗，因此，政府在和民間公司簽訂「政府應辦事項」之後，政府提供土地及銀行貸款，由民間公司進行營造及營運的工作。好處是政府公務人員為了自身的利益，擺脫了規劃、設計、營造、監工時，可能因為招標不慎違反被法院起訴，以及被監察院或調查局調查的風險；而民間公司則拋開因為土地投資而積壓龐大資金的風險，進而專注於重大工程建設的營造、營運和管理業務。

臺灣會展產業推動單位網站

單位	網址
行政院國家發展委員會	www.ndc.gov.tw
全國商工行政服務入口網	gcis.nat.gov.tw
會展人才培育與認證計畫	mice.iti.org.tw
推動臺灣會展產業發展計畫	www.meettaiwan.com
臺灣國際會展產業	www.excotaiwan.com.tw
經濟部投資業務處	www.dois.moea.gov.tw
經濟部國際貿易局	www.trade.gov.tw
交通部觀光局	www.taiwan.net.tw
中華民國對外貿易發展協會	www.taiwantrade.com.tw
中華民國展覽暨會議商業同業公會	www.texco.org.tw
中華國際會議展覽協會	www.taiwanconvention.org.tw
財團法人中國生產力中心	cpc.tw
財團法人臺灣經濟研究院	www.tier.org.tw
外貿協會臺北國際會議中心	www.ticc.com.tw
臺灣大學醫院國際會議中心	www.thcc.net.tw

本章題組

（　　）1. 價值鏈（value chain）是由下列那一位學者在1985年所提出？
　　　　(A) 彼得杜拉克　(B) 麥可波特　(C)保羅克魯曼　(D) 羅伯孟代
　　　　爾。

　　題解：(A) 彼得杜拉克（Peter Drucker，1909～2005)，奧地利
　　　　　　人，著名的作家、管理顧問，和大學教授。他以預測
　　　　　　知識經濟，被譽爲現代管理學之父，彼得杜拉克提出

「目標管理」和「顧客導向」的觀念。

(B) 麥可波特（Michael Porter，1957～），著名的管理學家和經濟學家，現任哈佛大學教授。他以競爭戰略和發展競爭力方面的權威，被譽爲哈佛大學有史以來最年輕當上哈佛大學的教授，他提出現代企業價值鏈（value chain）的競爭力理論等學說觀點。

(C)保羅克魯曼（Paul Krugman，1953～），著名經濟學者，美國紐約市立大學經濟學教授。在國際貿易領域，他發明了「新貿易理論」，說明在國際貿易中，收益遞減和不完全競爭的狀況。2008年以「對於貿易模式與經濟活動區位的分析」獲得諾貝爾經濟學獎。

(D) 羅伯孟代爾（Robert Mundell，1932～），著名經濟學者、美國哥倫比亞大學教授。他曾建議甘乃迪政府減稅，刺激美國經濟成長。孟代爾以「最適貨幣區理論」著世，被譽爲歐元之父，1999年獲得諾貝爾經濟學獎。

所以本題的答案是(B)。

(　　) 2. 麥可波特認爲，現代企業的競爭主要是供應鏈（supply chain）提供的價值競爭。會展產業提供買主的下列需求何者爲非？
(A) 高質量產品　(B) 高成本產品　(C)快速的產品資訊(D) 快速回應買主的需求。

題解：麥可波特認爲，現代企業的競爭主要是供應鏈（supply chain）提供的價值競爭。會展產業提供買主的需求包括：高質量產品、快速的產品資訊、快速回應買主的需求，所以(B) 高成本產品的答案是錯的。

(　　) 3. 會展產業的供應鏈涉及商品生產及服務部門，下列何者並非會展產業重要之組成？　(A) 餐飲業者　(B) 會議顧問公司　(C)旅

行社　(D) 製造業廠商。

題解：會展產業的供應鏈涉及商品生產及服務部門，會展產業
　　　重要的組成包括餐飲業者、會議顧問公司、旅行社等會
　　　展服務產業，所以 (D) 製造業廠商這個答案，雖然間接
　　　和會展產業有關，但是和餐飲業者、會議顧問公司、旅
　　　行社等會展服務產業比較的結果，其關係比較不夠，因
　　　此，不是正確的答案。

(　　) 4. 發明「微笑曲線理論」，認為企業獲利的最佳手段為「品牌與
創新」的企業家為：　(A) 施振榮　(B) 李焜耀　(C) 郭台銘　(D)
王永慶。

題解：發明「微笑曲線理論」，認為企業獲利的最佳手段為
　　　「品牌與創新」的企業家為施振榮。所以本題的答案是
　　　(A)。

(　　) 5. 下列何者不是會展產業資源的整合運用的措施？　(A) 行銷人才
的培養　(B) 會展相關創意的投入　(C) 加強軟硬體的設備和設
施管理　(D) 營造蚊子館。

題解：會展產業資源的整合運用的措施包括行銷人才的培養、
　　　會展相關創意的投入、加強軟硬體的設備和設施管理，
　　　至於 (D) 營造蚊子館，很明顯地看來是錯誤的答案。

(　　) 6. 因為新冠肺炎疫情爆發，在2020年可能是舉辦混合會議（虛擬
會議和實體會議一起辦）比例最高的洲？　(A) 北美洲　(B) 南
美洲　(C) 歐洲　(D) 亞洲？

題解：亞洲顯然是混合會議的領航者，2020年舉辦了80場次的
　　　混合會議，占該洲會議總數的4%，其他各洲舉辦混合會
　　　議的比例都很低。這可能與亞洲各國的防疫策略和結果
　　　有關。所以本題答案是(D)。

樂活兒時間

（樂活兒看到好大的場館）

樂活兒：爸爸，這裡有一棟好大的房子！

展先生：不要進去啦，這裡不好玩！這是一棟「蚊子
館」。

會小姐：老公，小聲一點，「蚊子館」不好聽啦！應
該是説「閒置空間」。

樂活兒：媽媽，什麼是「鹹死空間」，是要把「蚊子
鹹死」嗎？

　　　　展先生（插嘴説）：「蚊子鹹死」！啊，那不是政府的
　　　　　　　　　　　　「滅飛計畫」嗎？

會小姐正解

政府大規模興建會展設施之後，往往閒置其中，缺乏專
人管理，甚至不讓民眾進入，形成了會展場館的閒置，
同時也是公共投資的浪費。自從1990年以來政府以「社
區總體營造」的口號，投資百億元興建了300家的博物
館和地方文化館，以及歷年來以地方補助款興建地方機場、碼頭、停車
場、觀光遊憩設施、社會福利設施、體育場館等公共空間。到了現在，
許多場館缺乏利用，被民意代表及大眾媒體譏諷為「蚊子館」，這些空
間被嘲笑為再不利用，應該可以養蚊子了。因此，場館不在乎大，而在
乎是否能夠利用，透過「滅飛計畫」的經營理念，由青年團隊提出營運
企劃案，應該可以恢復各地「蚊子場館」的生機。

Part 2　如何舉辦會議

掌握辦理會議的基礎
——了解會議SOP標準流程關鍵

第三章　什麼是會議？

專題講座　**提升會展活動實踐力講座 3**

臺灣的PCO？

本章題組

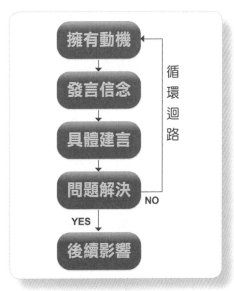

▲ 3.0　會議概念流程

一、會議是怎麼來的？

會議歷史悠久流長

▶▶▶ 其實，一場好的會議不是你想得那麼嚴肅

　　會議的歷史非常悠久，有人類以來就存在的社會現象，可以說是一種人類社會解決爭端和問題的方法。但是傳統中國人非常不喜歡開會。俗話說：「會無好會，宴無好宴」，就是形容中國人每到開會的正式場合，一片靜默，深怕講錯了話，惹禍上身。

　　然而，開會眞的有那麼可怕嗎？其實，一場好的會議不是你想像得那麼嚴肅。

　　會議的歷史悠久流長，甚至最早的會議紀錄，可以追溯到6,000年前。在西方國家，公元前4000年即有會議形式的記載。例如，幼發拉底河的敘事詩和古埃及農民雄辯家的吟誦，有舉辦會議的雛形產生。公元前8世紀出現的《荷馬》史詩也記載了希臘各邦之間，舉行會議討論戰爭和媾和的議題。例如，古印度建立「聯盟外交」（allied diplomacy）、希臘和羅馬時期的「人民會議」、亞瑟王的「圓桌會議」，以及中世紀時羅馬教皇召開「萬國宗教會議」，參加者討論的宗教世俗議題，都是歷史上著名的會議。

　　會議的英文，在國外通稱爲convention，但是convention是大型的會議，或是年會，從字源上來看，有共同、聚集、組織和商討的意思。而一般政府機關、公司行號所舉辦的集會活動，也稱爲會議，但是以meeting來表示。

　　所以在會展（MICE）這個單字中，corporate meeting這個單字代表的是「公司業務會議」，convention這個單字代表的是「協會或社團組織所舉辦的大型會議」。所以，我們在這裡所定義的會議，是指：「一群人在一定的時間和地點相聚，而他們是爲　特定的目的或需求，讓參加會議的

人可以互相討論，或者是分享資訊所舉辦的室內性的活動。」所以，開會可以區分為三種目的，第一個目的是為了要解決問題，第二個目的是為了要宣導展示成果，第三個目的是為了要進行部門之間的聯繫，或是主管進行部門的進度追蹤。一般來說，常開會不代表組織有運作，因為會議要有進度和結論，必需在會前就要進行溝通，會議中控制進度，會議結束前進行決議事項，在會議結束之後推動決議事項。

　　然而，因為缺乏效率，時下「會而不議、議而不決、決而不行、行而不果」的結果，正是嘲諷會議的打油詩，也是目前會議效果不彰最佳的寫照。

世界各國的會議的起源都相當早

▲圖3-1　世界著名歷史會議發生地點

什麼是會議內容？

會議按其性質及內容來分，可分為以下三類：

1. 政府會議：政府會議是出於政治、經濟、文化等原因，由政府部門組織舉辦的工作會議。

2. 協會會議：協會是具有共同興趣、利益的成員組成。協會會議就是指協會內成員參加的會議。

3. 公司會議：公司會議是指企業體為了自身的發展而舉辦的會議，包括培訓會議、管理會議、計劃會議和獎勵會議4種。這些會議除了可以在企業內部舉行之外，也可以配合度假活動舉行。

二、什麼是政府會議？

立法機關、行政機關、司法機關、軍事機關召開的會議都是政府會議

▶▶▶ 政府會議是出於政治、經濟、文化、軍事等原因，由政府部門組織舉辦的工作會議

　　政府在古代的中國，稱為「官府」、「衙門」，近年來稱為「公家機關」，或是稱為「行政部門」、「公務部門」。在過去號稱公務人員捧著「鐵飯碗」的時代，考上公職人員，被認為魚躍龍門，可以在做滿公職人員期限之後，享受退休的待遇，何樂不為呢？但是，公職人員層層節制，事實上沒有個人的自由，一般的事務官位低權輕，屬於幕僚人員，很難伸展抱負。而政務官雖然屬於首長的親信，可以說是位高權重，但是在我國的民主選舉制度下，政務官受到選舉成敗的結果影響，來來去去形同「臨

時人員」，除了政策制定不一定能夠延續之外；在五日京兆的有限任期之下，「人去政息」是許多國家政治的常態。

　　廣義上來說，政府會議包括立法機關、行政機關、司法機關、軍事機關因為特殊目的，所召開的會議。例如，西方國家的行政機關，因為國家大事所召開的內閣會議，就是首相召集部長進行商議，以討論國家大事。

　　政府會議是一種權力之間分配的部署關係。所有會議的程序和會議成員之間的關係，不只是立法權、司法權和行政權之間折衝的關係，也是中央政府和地方政府在權力分配上的關係，依據會議的結論，進行權力的分配。因為政府都是依據法律進行施政，所以稱為「依法行政」。因此，政府依據法律所召開的會議，就是具備了「依法行政」的效力，這些會議的執行成果，受到立法機關所訂立法律的約束，而且受到司法機關判決的影響。

　　我們以中華民國最高的立法機關的定期會議，來說明近年來中央政府舉辦會議的最具體的實例。在臺灣的中華民國，因為原有部會太多，經過立法院第七屆第四會期的召開，通過了政府再造的四個法律，包括了「行政院組織法」、「中央行政機關組織基準法」、「中央政府機關總員額法」、「行政院功能業務與組織調整暫行條例」，行政院所屬組織由現行8部、17會、3署、2局、4獨立機關，精簡為14部、8會、3獨立機關、1行（中央銀行）、1院（故宮博物院）、二總處（主計總處、人事行政總處），共有10個部會遭到裁併。三個獨立機關為中央選舉委員會、公平交易委員會、國家通訊傳播委員會（NCC）。修法之後，中央銀行和故宮博物院，所屬機關從總統府轄下，改隸為行政院。從2012年開始，我國中央政府共有14部、8會和3個獨立機關，中央機關總員額上限為173,000人。在地方，我國行政區劃演變為六都格局，分為臺北市、新北市（原有的臺北縣）、臺中市（原有的臺中縣、市）、臺南市（原有的臺南縣、市）、高雄市（原有的高雄縣、市）、桃園市（原有的桃園縣）。

政府組織再造是執行立法院第七屆第四會期通過的法律案

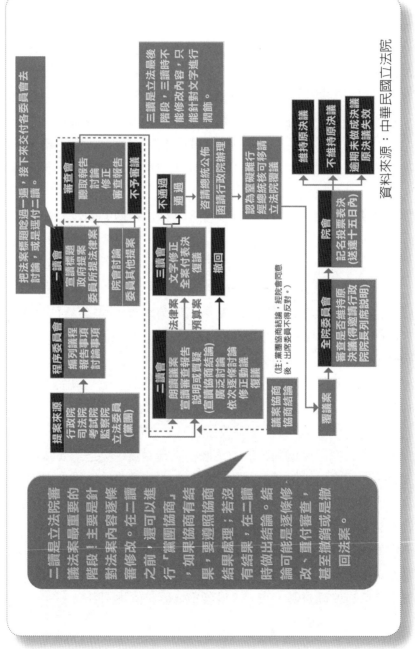

▲ 圖3-2　立法院議事程序

政府組織再造

政府組織再造中，精簡的14部、8會、3獨立機關是哪些單位？

14部：內政、外交、國防、財政、教育、法務、經濟及能
　　　源、交通及建設、勞動、農業、衛生福利、環境資
　　　源、文化、科技
8會：國發、大陸、金管、海洋、僑務、退輔、原民、客家
3獨立機關：中選會、公平會、通傳會（NCC）

政府組織再造中，共有10個部會遭到裁併，各有哪些單位？

1. 新聞局業務併入文化部、外交部
2. 青輔會業務併入勞動部、教育部
3. 體委會併入教育部
4. 公共工程委員會併入交通及建設部
5. 蒙藏委員會併入陸委會
6. 國科會升格為科技部
7. 研考會、經建會併為國家發展委員會
8. 消保會併入行政院

三、什麼是公司會議？

公司會議包括培訓會議、管理會議、計劃會議和獎勵會議

▶▶▶ 公司會議是指企業體為了自身的發展而舉辦的會議

　　公司會議又可以稱為企業會議，是由公司的領袖「董事長」及部門主管召開的會議。在歐美國家，董事長又稱為董事會主席（Chairman of the Board）。董事長指的是一家公司的最高領導者，統領董事會。當然，董事長也是董事之一，由董事會或是股東選出，對外代表所有董事會成員，並且擬定公司的方向和策略。看過日劇和韓劇的朋友都知道，在日本和韓

國不稱為董事長，而稱為會長。

　　然而，董事長也許是資金的募集者或是出資者，並不一定是實際的經理人。董事長對股東大會、董事會負責。董事會由董事組成，董事是公司的指導者。

　　當公司發展到一定程度之後，將會向社會大眾募集資金，這時候就會發行股票，持有股票的人稱為股東，也就是有權參加股東會議表達意見。一般公司採取「上市」的方式，在集中交易市場進行股票交易；或是退而求其次選擇證券櫃臺買賣交易中心，以「上櫃」的方式，進行股票交易。但是，有些公司基於家族經營的方式，自有資金充裕，或是不希望接受投資大眾在股東會的監督，不願意發行股票，放棄上市及上櫃的機會。也就是說，一般家族企業不希望有股東會的監督機制。如果公司內設有總裁（President）、執行長（CEO）、總經理（GM）等實際公司經理人的位置，都是由董事長親自延攬任命。理論上，董事長可以解除公司職員（包括：總裁、執行長、總經理）的職務，但是不包含解除公司的其他董事（Member of the Board）和監事（Member of the Board of Supervisors）的職權。在臺灣的企業管理階層，我們以「<」代表管理層級的大小，例如：襄理 < 副理 < 經理 < 協理 < 副總經理 < 總經理 < 副董事長 < 董事長 < 董事會等大小層級，進行大型公司的管理職權劃設。在統整以上人事部門的執行效力時，依據公司的需求，發展下列不同性質的會議：

　　㈠培訓會議：重點在於組織人才的培訓。

　　㈡管理會議：公司營運目標的管理會議。

　　㈢計劃會議：公司規劃未來營運成長的會議。

　　㈣獎勵會議：公司獎勵員工的旅遊會議。

　　在非主管方面，大公司列有「顧問」這個層級，顧問不一定「只顧不問」，或是「不管事」。在日本，如果是召集顧問（日本稱為相談役）開會，又稱為顧問會議，權力超過一般的經理層級會議；如果是監察人（日本稱為監察役）開會，則稱為監察會議，或是監事會議。

Tips

股東會議

　　股東大會是由全體股東組成的會議，屬於公司的最高權力機構。股東會議分為年度股東大會和臨時股東大會。年度股東大會每年召開一次，應該在上一會計年度結束後的6個月內舉行，一般來說都是要在每年的6月30日前辦理完畢。

股東會議是公開發行股票公司的決策會議

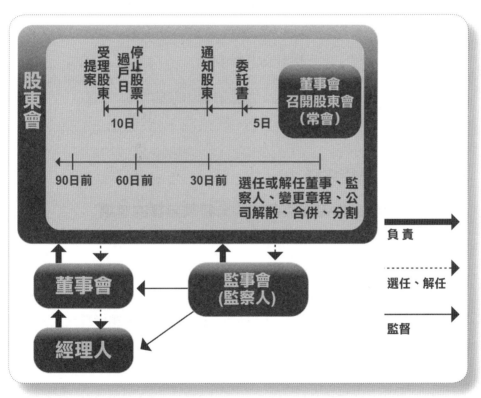

▲圖3-3　公司股東會、董事會、監察人和經理人的關係

從下表中我們可以看出公司職稱的名詞對照表，將來看日劇或是日本漫畫，大概就知道公司職稱的大小了。

表3-1　臺、日公司職稱名詞對照表

	日本	臺灣
高階主管	會長	集團董事長
高階主管	社長	董事長
高階主管	副社長	副董事長
高階主管	取締役	執行董事、總經理
中階主管	部長（室長）	協理、經理
低階主管	課長	科長、組長
低階主管	課長代理（副課長）	副科長、副組長
低階主管	係長	股長
低階員工	職員	職員

四、什麼是學術會議？

學術會議是學者相互研討、分析及分享的會議

▶▶▶ 學術會議是指學界為了發表科學研究而舉辦的會議

世界各國都有學術會議。在中國，學術發展在清朝中葉之前，以儒學散播至東亞鄰國。但是在日本明治維新之後，西方的學術影響到亞洲的學術發展，西風東漸的結果，由東方人文科學而演變成西方自然科學，形成「學術西化」的發展。

　　「學術」（academia）這個名詞，緣起於古代雅典城外西北角的地名Akademeia，這裡曾經被希臘三哲人之一的柏拉圖（公元前427～347年）建構成為學習中心而聞名。Akademeia是以傳說中的英雄Akademos的墓地來命名，在這個優美的地方栽種著橄欖樹，並且興建健身房作為休閒的地方。後來，柏拉圖將這個地方發展成為學習中心，並且在公元前387年建立了「學院」，到了公元529年被東羅馬皇帝查士丁尼下令關閉為止，前後持續了900多年。除了學習中心之外，在14世紀，歐洲已經有超過80所以上的大學。到了17世紀，英國及法國的宗教學者常用學院來表示高等教育機構，例如：波隆納、巴黎、牛津和劍橋大學，透過演講的方式，學生坐著聽講，這是演講式學術會議的雛形。

　　然而，大學是以教授學生為主，有些傑出的學者為了要組織志同道合的研究者共同進行研究，在皇室的批准之下，成立了學會。例如，公元1660年的英國皇家學會成立。後來以民主姿態建國的美國政府，也核准了在1780年成立的美國藝術和科學學院。因此，學會和學院代表的是崇高的學術聲望、學術出版，以及學術會議的象徵。

　　在學術會議（academic conference）中，常用的名詞為研討會（conference）。研討會的內涵近似於會議（convention），但是增加的是討論和參與的層面。而另外一個會議的名詞（convention），則探討的是組織年度議程；但是在研討會（conference）中，探討的是因為科學、社經或是任何領域技術性的議題，由政府單位、公司團體、協會、學會等機構舉辦的學術分享會議。舉辦大型研討會，是由會議主持人來主持，並且希望用公開發表的程序，進行討論和意見交換。所以，在研討會中除了論文發表之外，還包含了海報展示或是陳列活動。

　　在上述學術有關的研討會中，參加會議的講員常常被邀請向與會者闡述他們在學術著作中原創性的想法。這些著作的講者可以利用向聽眾講述，並且以「同問同答」的方式，解釋學術著作之中，敘述不夠明確或是邏輯不夠清楚的地方。因此，在國內外舉行的學術會議中，與會的人員能

夠因爲講者的即席回答，獲得滿足感。而且，在研討會中已經於事前印製論文集，與會者可以在檢視論文的時候，也花時間準備問題，並且向講者提出問題。

　　如今，由於國際期刊SCI、SSCI、EI及國內期刊TSSCI的標準化，導致在國內舉辦學術會議失去了學術交流的重要意涵。國內的教授寧願在國際期刊中發表學術論文，而不願意在國內外研討會中發表論文；甚至指定研究生撰寫及發表國內研討會論文，而不願親自出席發表，相對減少國內學術會議發表的重要性。

Tips
研討會的引言人

　　在分組演講及討論中，邀請業界或專業領域中的佼佼者擔任主持人，其工作為控制時間，並且讓會議進行更為順暢，稱為引言人（moderator）。

五、什麼是國際會議？

國際會議是不同國家的與會者相互討論的會議

▶▶▶ 最早的國際會議是爲了政治目的而舉辦的會議

　　現代國際會議緣起於17世紀的威斯特伐利亞會議，距離現在已有360餘年的歷史。然而，第一次的國際學術會議，緣起於公元1681年在義大利所舉行的醫學會議，這也是是歐洲舉辦現代國際學術會議的開端。但是，具備歷史意義的政治性國際會議，應是屬於1814年到1815年舉辦的維也納會議。到了19世紀，各國舉辦的國際會議越來越多，也因此19世紀被稱爲

我們現在所指的學術會議是西化的會議形態

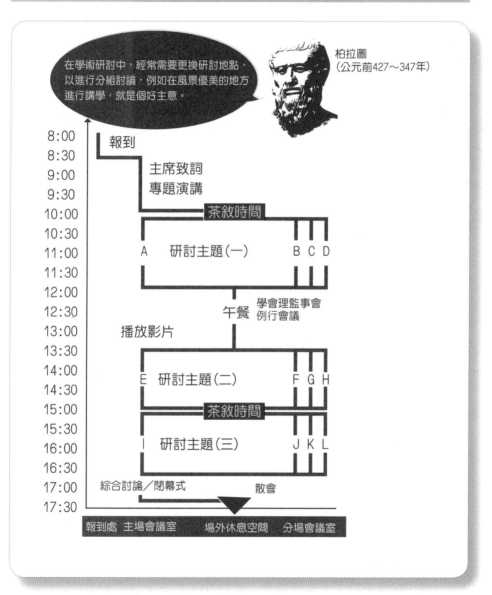

▲圖3-4　研討會安排的內容和場地關係

「國際會議的世紀」。

近年來，國際會議越來越多的原因，也是因為國際民主制度的盛行，為了要提高國際事務決策的透明度，確保國際社會中的成員，共同享有同等的發言權、參與權，以及決定權；因此，國際會議隨著時代越來越進步，而且越來越多。

根據2017年「國際會議協會」（International Congress and Convention Association, ICCA）公布之統計顯示，2016年全球舉辦國際會議，舉辦的次數有12,212場，相較於2000年的5,100場會議，成長率高達239%。

那麼，什麼是「國際會議」（International Convention）呢？根據國際會議協會（ICCA）的定義，所謂的國際會議，需要至少在三個國家輪流舉行的固定性會議，舉辦天數至少一天，與會人數在100人以上，而且地主國以外的外籍人士比例需要超過25%，才能稱為國際會議。下列為相關組織機構對於國際會議的認定：

㈠國際會議協會：屬於固定性會議，且至少在3個國家輪流舉行。會期在1天以上，而且與會人數在100人以上，其中地主國以外的外籍人士比例占25%以上。

㈡國際聯盟協會：至少在5個國家輪流舉行，會期在3天以上，而且與會人數在300人以上，其中地主國以外的外籍人士比例占40%以上。

㈢日本總理府（觀光白皮書）：會期在3天以上，而且與會人數在50人以上，其中地主國以外的外籍人士比例占40%以上。

㈣經濟部商業司：參加會議國家含地主國至少在5國以上，而且與會人數在100人以上，其中地主國以外的外籍人士比例占40%以上，或80人以上。

㈤臺灣國際會議推展協會：參加會議國家含地主國至少在3國以上，會期在1天以上，而且與會人數在50人以上，其中地主國以外的外籍人士比例占30%以上。

㈥中華民國對外貿易發展協會臺北國際會議中心：與會人員來自3國以上，而且與會人數在100人以上，其中地主國以外的外籍人士比例占30%以上，或50人以上。

國際會議應有所認定，不是有外國人參加的會議就稱為國際會議

表3-2　國際會議的認定

定義機構	參加會議國家	會期	與會人數	地主國以外的外籍人士比例
國際的通用定義				
國際會議協會（ICCA）	固定性會議且至少在3個國家輪流舉行	1天以上	100人以上	25%
國際協會聯盟（UIA）	至少在5個國家輪流舉行	3天以上	300人以上	40%
日本總理府（觀光白皮書）		3天以上	50人以上	40%
我國的通用定義				
經濟部商業司	含地主國至少在5國以上		100人以上	40%（或80人以上）
臺灣國際會議推展協會	含地主國至少在3國以上	1天以上	50人以上	30%
中華民國對外貿易發展協會臺北國際會議中心	與會人員來自3國以上		100人以上	30%（或50人以上）

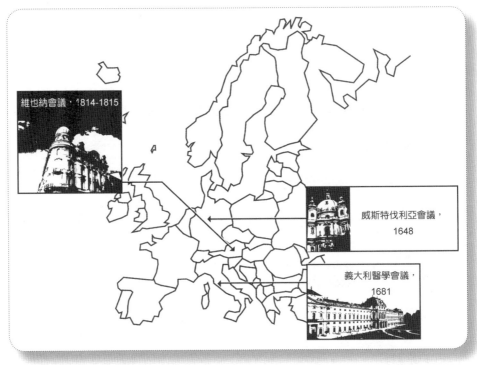

▲圖 3-5　歐洲17～19世紀國際知名會議舉辦地點

Tips

近代國際會議——歐洲威斯特伐利亞會議

　　近代國際會議緣起於歐洲威斯特伐利亞，根據在威斯特伐利亞簽署的和約，獨立的諸侯邦國對內享有至高無上的國內統治權，對外享有完全獨立的自主權。這是世界上第一次以條約的形式，確定維護邦國之間的領土完整、國家獨立，以及主權平等。

六、什麼是PCO？

PCO、PEO和DMC都是會展重要的顧問公司

▶▶▶ PCO簡稱為會議顧問公司

　　我們在國際會展場合，常常聽到PCO這個名詞；但是，PCO到底指的是一個人，還是一家公司呢？簡單來說，上述的答案兩者都對，如果您是一家「會展一人工作室」（MICE Studio）的負責人，原則上PCO指的就是「一個人」；但是如果您是經營一家國際知名的會議顧問公司，那麼，這整家公司都可以稱呼為PCO。

　　PCO的英文是Professional Conference/Congress Organizer，指的是專業會議籌辦單位，簡稱為「會議顧問公司」，但是不一定以公司的形態成立，有時候會以非政府組織（NGO）的形式成立。

　　PCO以專業規劃、溝通及管理技術，營造理想溝通的情境（ideal dialogue situation），同時誘導及影響與會者，以達到開會的目的。例如說，PCO依據合約提供專業的人力及技術、設備來協助處理從規劃、籌備、註冊、會場活動，到會議結案的工作。

　　PCO主要的任務，是在會議中進行整合協調及管理，包括競標國際會展活動、流程安排、宣傳促銷、文宣製作、註冊報到、現場掌控、接待人力、贊助募款、餘興節目安排、交通住宿、會場布置及準備紀念品等各項細節。具體工作內容，包含了會議或展覽活動的策劃、協調政府與客戶、招募客戶、財務管理，以及品質控制等。

　　PCO主要辦理行政工作及技術顧問相關事宜，其角色可以是顧問、行政助理或創意提供者，在籌備委員會和服務供應商之間，擔負起橋樑式的協調工作。

　　所以說，一個好的PCO，是會議規劃者；同時也是會議舉辦的時候，解決問題的靈魂人物。

隨著國際會展舉辦形式及議程安排的複雜性逐漸提高，具備「專業分工、集中管理」功能的PCO角色受到重視。為了規範各國PCO的行為，1968年國際會議籌組人協會（IAPCO）成立，這是一個非營利性的國際會議組織者專業協會，其成員遍布全世界。IAPCO致力於通過養成教育，例如每年1月協會都要舉辦為期一周的專業培訓課程，並且和其他專業協會進行交流，以提升會員的服務品質。

Tips

臺灣的PCO

臺灣PCO的主要業務為會議，約占業務量的77%，其他以舉辦獎勵旅遊和其他業務為主。其中，國際會議業務占了48%，國內會議業務占了29%。

專題講座

提升會展活動實踐力講座 3
臺灣的PCO

總體來說，臺灣舉辦國際會議的質與量並不如國際展覽。相對來說，PCO也處在比較弱勢的地位。經濟部推動會議展覽專案辦公室曾經在2009年底針對國內的PCO進行調查，了解他們的服務趨勢。

大體來說PCO的主要業務為會議，約占業務量的77%，其他以獎勵旅遊和其他業務為主。在獎勵旅遊方面，PCO為了要搭配參加會議旅客的服務，會加強航空公司訂位及航班資訊服務，提供各項旅遊交通及住宿服務，安排大會旅遊活動和眷屬旅遊活動等較為軟性的服務事項。

在臺灣PCO參與的部分，國際會議約占了業務量的48%，國內會議業務約占了業務量的29%。在會展產業專業人才調查中顯示，PCO和PEO人才充裕，最好具備一定外語能力及辦理活動經驗。

PCO不是無所不能；但是會議沒有PCO，則萬萬不能！

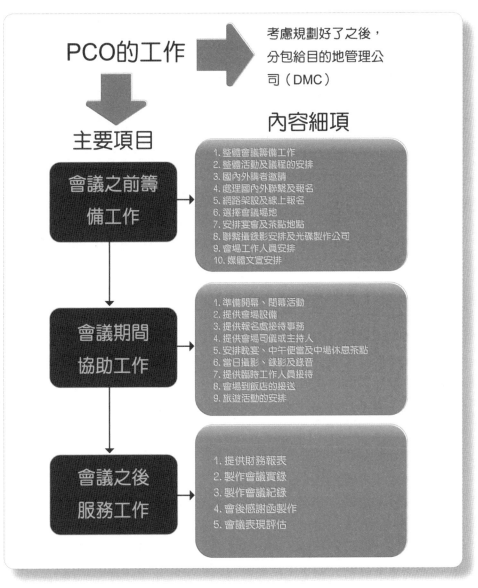

▲圖3-6　PCO的工作

Tips
目的地管理公司

雖然PCO了解會議的內容，但是他們通常對於會議舉辦的地點和環境缺乏了解。所以，對於大型會議而言，僱用當地目的地管理公司（Destination Management Company, DMC）可以增加團隊的延伸力量，而PCO可以靜下心來思考會議的細節，而目的地管理公司可以負責當地事務性的工作。

在會議方面，有的公關公司和旅館兼辦PCO的業務，成為會議的主要籌辦單位之一。例如，公關公司的會議業務約占了業務量的75%，而旅館則占了業務量的高達84%。其中旅館業可以跨足到PCO的業務，是由於旅館業住宿率不足，需要積極召攬客戶。

然而，臺灣的會展產業量還沒有達到會展大國的規模經濟（Economies of scale），許多會議因為成本不足的關係，主辦單位壓低利潤的結果，造成PCO咬緊牙根，挺住這一場「微利的事業」。但是，在臺灣旅館同時擁有會議場地，在場地資源調配，以及會議餐點議價能力方面，都比公關公司或是傳統的PCO占盡優勢。

所以，臺灣的PCO開始擴大業務範圍，以他們專業技能，開始開班授課，除了輔導學員辦理國際會議活動之外，並且辦理教育訓練，例如：會場設計規劃、獎勵旅遊規劃等課題，以能輔導學員通過初階及進階的會展人才考試。

在觀光旅遊的服務業來說，PCO有意擴展獎勵旅遊的觀光活動。在公關公司和旅館業方面，也想積極地爭取獎勵旅遊的市場。在業務方面，PCO積極尋找可以協力的企業雜誌刊物，尋求產業聯盟合作，並且提供國際旅展設攤的機會，搭配可以辦理出國旅遊業務等項目。

目前專業PCO面臨生劇烈的存競爭態勢如下：

1. 因為國內接辦國際會議的單位眾多，會展的主辦單位多半以各產業公會（協會）為主，專業的PCO不容易接到委辦計畫。
2. 國內會展場地不足。
3. 相關產業削價競爭。
4. 政府會展政策不明確。
5. 會議活動規模太小、場地租金太高。
6. 場地有區域不均衡現象。
7. 整體國家和城市的形象及行銷不足等，都是專業PCO推動國際會議業務的主要障礙。
8. 部分場地管理者將機電維護工作外包，現場客服人員的專業素養不易培養。
9. 會議行銷透過外包的網頁設計公司進行，對於行銷規劃／網頁設計／平面設計的專業素養不易培養。

Tips

PCO可以拓展非營利組織的會議

在協會組織、國際組織和非政府組織會議中，關注的焦點包含：社交（social）、軍事（military）、教育（educational）、宗教（religious），以及聯誼團體（fraternal）等舉辦的非營利組織會議（Non-Profit Organization, NPO）。

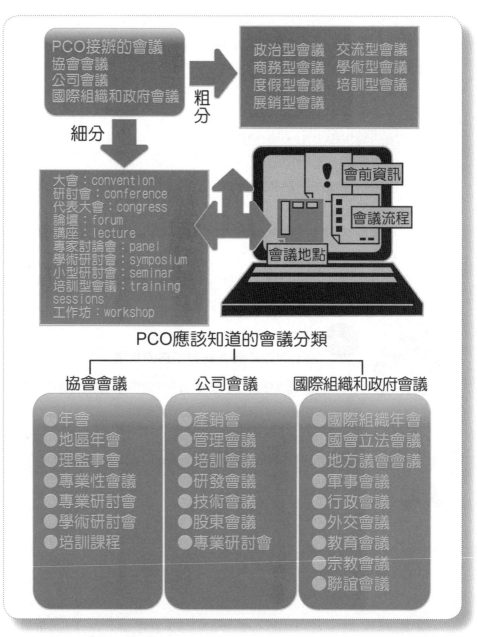

▲圖 3-7　PCO接辦的會議項目

▲圖3-8 國際會議經常以研討會的形式辦理，圖為第一屆亞洲濕地大會
（方偉達／攝）。

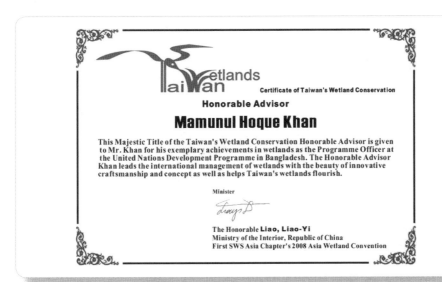

▲圖3-9 第一屆亞洲濕地大會由內政部頒贈聯合國發展署官員Mr. Mamunul
Khan榮譽顧問證書式樣（方偉達、劉正祥／參與設計）。

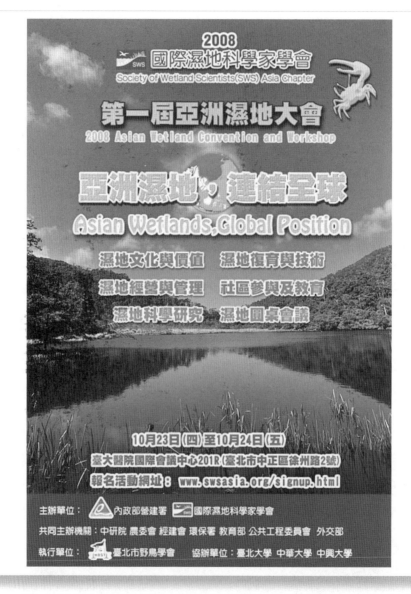

▲圖3-10　第一屆亞洲濕地大會邀請聯合國官員及拉姆薩公約前秘書長Peter Bridgewater與會，並推動臺北宣言之制定與簽署，圖為第一屆亞洲濕地大會海報設計（方偉達、劉正祥／參與設計）。

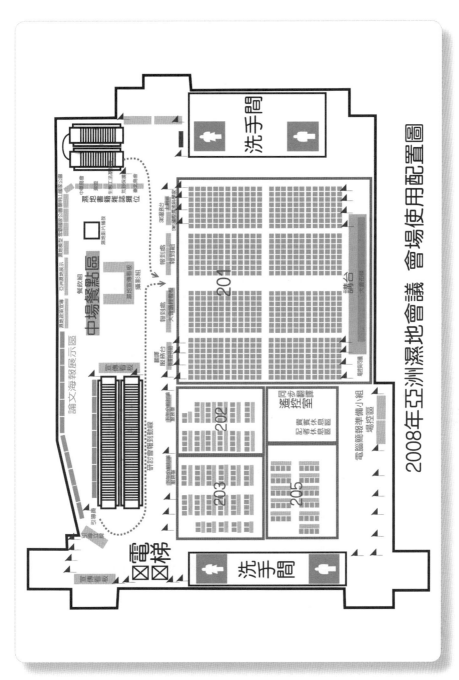

▲圖3-11　第一屆亞洲濕地大會會場設計（方偉達、劉正祥／參與設計）。

大熱門！搭乘渡輪導覽濕地

台灣濕地保育系列論壇_台北場

經過各單位努力協調弄走下！　　　2008年9月12日(五)
台北會前會隆重登場！

報名方式

1. 請於網頁下載 Excel 檔或 Word 檔，兩者皆可報名!(但為了方便彙整請盡量用Excel檔)
2. 填寫完畢後，一律用E-mail寄到 magic@mail2000.com.tw（信件主旨：●●●報名台北場）
3. 當主辦單位【回信確認】，才算報名成功!(未確認一律不算，且額滿即停止接受報名)

●●●本次活動以邀文邀請單位為主(對臺灣濕地保育有相關經驗的政府官員及學者為主，例如：○○縣政府城鄉發展處...)，請指派或協調1人參加，主辦單位將視報名情況調整參與名額!

行程表下載　　**行園介紹**　　**交通圖下載**

09:00-09:30 集合報到　09:30準時出發!

注意：板橋車站地下一樓為台鐵，地下二、三樓為捷運與高鐵共用，請參加人員到達捷板橋站後，到達大體的北2門報到即可，屆時會有人員將發送濕地論壇手冊與濕地地圖摺頁，等。簽名報到及調取手冊完畢後，站前路往北50公尺處遊覽車上車地點，共有2輛遊覽車，先上車先還位，9:30分準時出發，逾時不候! 預計10:00到達八里渡船頭準備搭乘渡輪。

板橋車站北2門外觀

板橋車站北2門　　報到處在易遊網的左邊

板橋車站地圖(可下載)

板橋車站前廣場噴水池　　板橋車站前廣場

10:10-11:10 搭乘渡輪參訪五股、竹圍、關渡、挖仔尾濕地

預計將在八里左岸的宋記胡椒餅旁邊的渡船頭搭乘順風號渡輪，將由台北縣永續環境教育中心親堂麥組長解說五股、竹圍、關渡、挖仔尾濕地。親組長期投入生態保育的行列，以實際行動推動濕地營造，對於這次的導覽，相信能夠帶給各位參加人員豐富的收穫。

順風號渡輪

船東所提供的順風號地圖

左邊為渡船頭，右為淡水河

▲圖3-12　第一屆亞洲濕地大會臺北會前會報名網頁版型設計（方偉達、劉正祥／參與設計）。

本 章 題 組

（　　）1. 下列何者為PCO？　(A) 企管顧問公司　(B)會議顧問公司　(C) 展覽顧問公司　(D) 公關顧問公司。

　　題解：(A) Management Consulting, Ltd.

　　　　　(B) Professional Conference/Congress Organizer, PCO

　　　　　(C) Professional Exhibition Organizers, PEO

　　　　　(D) Public Relations Consultants, Inc.

　　　　　所以本題的答案是(B)。

（　　）2. 臺北國際會議中心屬於下列何者專業服務機構的範圍？　(A) PCO　(B) PEO　(C) DMC　(D) 會展核心產業的業者。

　　題解：(A) 會議顧問公司

　　　　　(B) 展覽顧問公司

　　　　　(C) 目的地管理公司

　　　　　(D) 會展核心產業的業者　在第四個答案中，臺北國際
　　　　　　　會議中心屬於會展核心產業的業者，而不是上述的答
　　　　　　　案。

　　　　　所以本題的答案是(D)。

（　　）3. 非營利組織（Non-Profit Organization, NPO）在國際會展組織型態中，扮演了很重要的角色。所謂非營利組織，是指其設立的目的，並不是在獲取財務上的利潤；而且在本質上，不具備下列那項特質？　(A) 非營利　(B) 非政府　(C) 公益、自主性、自願性　(D) 其淨盈餘得分配給組織成員。

　　題解：(A) 非營利　Non-Profit Organization, NPO，(A) 答案「非
　　　　　　營利組織具備非營利性」。

　　　　　(B) 非政府　Non-Government Organization, NGO，(B) 答
　　　　　　案「非營利組織具備非政府性」，意思是非營利組
　　　　　　織，同時也不是政府組織。

(C) 公益、自主性、自願性　(C)答案「非營利組織具備公益、自主性、自願性」。

(D) 其淨盈餘得分配給組織成員　在 (D) 答案中，其淨盈餘得分配給組織成員屬於「公司機構」，「公司機構」不具備非營利組織（Non-Profit Organization, NPO）的特質。

NPO不具備「其淨盈餘得分配給組織成員」的特質，所以本題的答案是 (D)。

(　　) 4. 下列何者不是非營利組織（NPO）領導者的性格特質？　(A) 堅持理念、專業判斷　(B) 積極投入、道德訴求　(C) 具備通權達變的領導觀念，以因應國際會展場合瞬息萬變的變化情形　(D) 具備商業頭腦，具備經商致富的能力。

題解：「具備商業頭腦，具備經商致富的能力」屬於「公司機構」領導者的特性，不具備非營利組織（NPO）領導者的特質。

所以本題的答案是 (D)。

(　　) 5. 下列對於會展微型企業的描述，何者為非？　(A) 一年的營業額在新臺幣一億元以下者，經常僱用員工人數未滿50人者　(B) 公司經營人數在20人以下者　(C) 通常創業資金不超過新臺幣100萬元　(D) 以個人工作室的型態跨界PCO和PEO的發展。

題解：(A) 答案有誤，因為一年的營業額在新臺幣一億元以下者，經常僱用員工人數未滿50人者屬於「中小型企業」。

所以本題的答案是 (A)。

Tips Inc.、Ltd.、Corp.和Co.在中文都是「公司」，有什麼區別呢？

1. Inc.是Incorporated（註冊）或是Corporation（合作）的簡稱，源自於美國的公司。在美國多數是以public company存在，中文翻譯為「股份有限公司」。Inc.在美國經過州政府註冊登記之後，所認可的獨立「法人」。Inc.的註冊是沒有期限的，而且為永久的。

2. Ltd.是Limited Partnership的簡稱，中文翻譯為「有限責任合夥企業」。Ltd.在美國也是需要在州政府註冊登記之後，才被視為獨立「法人」。Ltd.在州政府註冊是有期限的，到了期限必需申請延期，逾期則為無效。

3. Corp.是Corporation的簡稱，一般屬於較大公司、法人團體的稱呼，例如：跨國公司（multinational corporations）。

4. Co.是company的簡稱，即為「公司」。

第四章　會議如何籌備？

一、你能標到案子嗎？Bidding for MICE

二、國際會議組織規劃流程圖是什麼？

三、國際會議預算估計方法是什麼？

四、如何向政府申請會議經費？

專題講座　**提升會展活動實踐力講座 4**

國際會議的預算來源有哪些？

本章題組

一、你能標到案子嗎？Bidding for MICE

標到案子，才是會議籌備的開始

▶▶▶ 準備要標書的投標策略

「要標書」又稱為「邀標書」，英文的名稱是request for a bid proposal, RFP。在政府機關和國際組織舉辦會議的時候，通常會委託民間公司、社團、大專校院、或是合格的民間團體來辦理國際會議。因此，政府機關和國際組織會將委託辦理會議的內容，用招標的方式來辦理，而招標的內容，就稱為「要標書」。

以政府採購案來說，準備「服務建議書」是公開競標的第一步，首先要領取標單，了解到主辦單位對於承辦單位資格的限制、經費的限制、會議的需求，以及計畫的目標、工作項目及內容，並且在等標期間（自邀標日起至截止投標日止），將服務建議書寫好，隨同承辦單位證件、履歷、稅捐證明、信用證明等資料封好，送至主辦單位，等待開標。在等標期到決標階段，詳細的順序如下：

(一)招募競標籌備團隊

籌備團隊包括會議主辦單位、協辦單位、承辦單位及贊助單位，其成員包含政府部門、專業會議公司、旅館業者、會議中心等。因此，組成競標籌備委員會，需要齊心協力，以爭取到會議主辦的權利。例如，為了要廣納參與的機會，爭取旅館或是航空公司提供會議代表所需的折扣優惠、接洽餐廳提供免費的餐飲，或是優惠活動等，都是在競標的時候，納入評審委員考量廠商得標的重要因素。

(二)準備申請文件

依據主辦單位要求的申請文件進行說明，文件中需要具備主協辦單位、贊助單位、相關機關同意合作文件、會議前言、會議規劃內容、會議活動議程、會議行銷推廣策略、預期會議效益、會議預算

項目、會議執行主要人員學經歷佐證資料、過去重要國際會議舉辦經驗等。在國際會議服務建議書的佐證資料中，應列入政府要人的邀請函、國際友人推薦信、會議國家介紹、會議場地介紹、住宿詳細資料、住宿及會場網路設施、休閒娛樂活動、環境及文化介紹、幣值與稅率等。

(三)進行備標報告

準備PowerPoint內容進行備標報告，並備妥印刷書面報告及PowerPoint資料，以便備詢。簡報內容要有創意、文字精練，並且採用圖文並茂的方式吸引評審委員。在簡報時，以熟稔報告內容、態度優雅大方，而且邏輯性強的簡報人員擔任主講者。簡報使用時的視聽設備應先進行測試，並且避免一個字又一個字地唸稿，而是要以生動活潑的口語和肢體語言，吸引評審委員的注意與了解。

Tips
國際會議競標注意事項國際會議競標注意事項

1. 競標團隊擔任備詢：在國際會議競標的程序中，當簡報完畢後，由競標團隊中的PCO、PEO、觀光與會議局、國家會議中心等政府單位成員，在現場擔任備詢的角色。

2. 決標之後爭取推薦信：爭取國際組織主席會寫推薦信（supporting letter, SL）給得標單位，請求策劃，並且積極展開會議的籌備、行銷和相關活動工作。

政府依據政府採購法訂定招標案件辦理會議

國內會議的招標流程

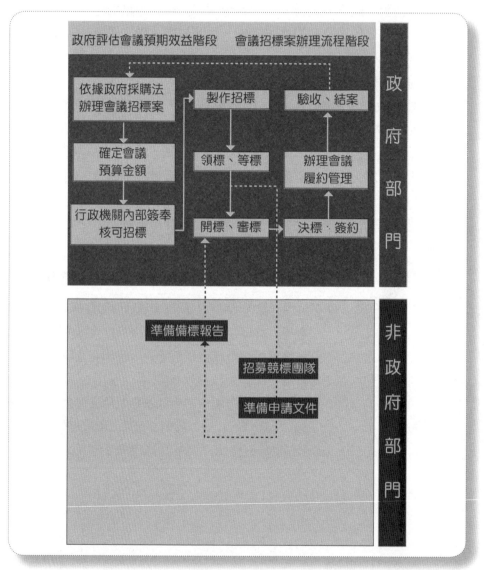

政府評估會議預期效益階段　　會議招標案辦理流程階段

依據政府採購法辦理會議招標案

製作招標

驗收、結案

確定會議預算金額

領標、等標

辦理會議履約管理

行政機關內部簽奉核可招標

開標、審標

決標、簽約

政府部門

準備備標報告

招募競標團隊

準備申請文件

非政府部門

▲ 圖4-1　國內會議的招標流程

Tips

招標應該如何辦理？

1. 評估會議預期效益階段

   參考國內外舉辦過的重大會議事件，藉由會議課題、與會者的需求、會議案例，以及會議技術等評估預算金額。

2. 製作RFP

   根據效益評估，考量到會議目的、會議預算、會議時程、會議人數等需求，訂定RFP。

3. 服務建議書評選

   針對廠商提出的服務建議書，評估是否符合RFP？是否曾經主辦相關業務？並且評估廠商是否具備積極的態度。此外，服務建議書的品質、廠商技術能力、風險管理的能力等項目，也應該列入評選的考量。

4. 簽約

   雙方議價之後，算是決標階段，雙方辦理簽約。

二、國際會議組織規劃流程圖是什麼？

會議組織規劃國際會議時，考慮5個流程

▶▶▶ 事前規劃、地點推薦、決定地點、舉行會議、會議評估

(一)事前規劃

會議事前規劃階段屬於會前籌備期間，需要考慮的是會議宗旨、目的、效益、舉辦方式，以及預算編列等工作，這是政府部門進行招標的時候，需要進行考慮的事項。在會議招標案件標出去之後，接著就是承辦單位需要傷腦筋下列的各項籌備工作了。

1. 蒐集會議相關議題，並且進行重點摘錄。
2. 運用網路資訊或是電子郵件將會議議事日程，以及相關文件進行網路或電子公文傳閱。
3. 確定籌備會議是否必要？是否可以通過其他小組工作會議的方式，使會議準備工作更能有效解決？
4. 確認籌備會議的目的為何？籌備會議試圖達到什麼樣的結果？會議將做出什麼樣的決定？預備達成什麼樣的行動方案？
5. 籌備時程是否擬定？必需列出和會議相關的時程內容，依據其重要性進行項目排序，並且將相關項目歸納到相同議題的籌備會議時間之中。

(二)地點推薦

為了擴大會議的效果，會議的地點的選擇非常重要。例如：舉辦一場國際會議，應該以城市做為選擇的依據。會議地點選擇以展現城市意象為主，通常需要考量到一國城市的政治、商業、交通和治安等因素，通常具備多樣化設施環境的城市，才能吸引各國與會者到這裡來開會。在各國著名的城市，都設有國際會議中心，提供會議與會者專用的旅館、咖啡館及飯店。在臺灣，大型飯店不亞於國際會議中心，同時也提供全套會議服務項目，包括餐飲、客房、茶點、咖啡，以及提供娛樂設施等（詳見附錄一：國內大型會議場所）。

(三)決定地點

當國際會議的評審委員考慮到國際會議的屬性，評比各候選城市地點的優先順序，並且選擇最適合舉辦會議的城市和國際會議中心。典型的國際會議中心備有20間以上的會議室，座位從最高可以容納1,000人的大會形式，並可安排成劇場型式、教室型式、宴會廳式，或討論會式的空間形式。

㈣舉行會議

　　當主辦單位決定會議舉辦城市和國際會議中心之後，即著手進行會議舉辦前的工作，與會議期間的開會作業。

㈤會後評估

　　會議結束之後，應進行會議善後處理與檢討評估，了解與會者對會議各項安排有何評論，以做為以後舉辦會議的參考。

國際會議組織規劃的流程圖

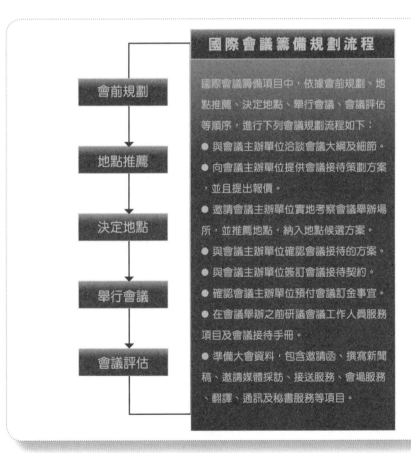

國際會議籌備規劃流程

國際會議籌備項目中，依據會前規劃、地點推薦、決定地點、舉行會議、會議評估等順序，進行下列會議規劃流程如下：

● 與會議主辦單位洽談會議大綱及細節。

● 向會議主辦單位提供會議接待策劃方案，並且提出報價。

● 邀請會議主辦單位實地考察會議舉辦場所，並推薦地點，納入地點候選方案。

● 與會議主辦單位確認會議接待的方案。

● 與會議主辦單位簽訂會議接待契約。

● 確認會議主辦單位預付會議訂金事宜。

● 在會議舉辦之前研議會議工作人員服務項目及會議接待手冊。

● 準備大會資料，包含邀請函、撰寫新聞稿、邀請媒體採訪、接送服務、會場服務、翻譯、通訊及秘書服務等項目。

（流程圖方塊：會前規劃 → 地點推薦 → 決定地點 → 舉行會議 → 會議評估）

▲圖4-2　國際會議籌備規劃流程

考察國際會議舉辦場所的評分依據

1. 該國是否舉辦國際會議的能力？
2. 該國地理位置是否便利？
3. 該國通用語言是否以英語為主？否則應該備有同步翻譯設備？有沒有英語同步口譯人員。
4. 該國是否設置有會議廳的設施？
5. 參與人員是否有簽證問題？
6. 是否辦理與會貴賓禮遇通關？
7. 外幣匯兌是否便利？
8. 會展相關規劃（城市參訪活動、攜帶眷屬遊覽活動）是否具備吸引力？
9. 該國環境是否安全？城市交通是否具備舉辦國際會展的條件？

三、國際會議預算估計方法是什麼？

必需要將國際會議經費分解為固定成本和變動成本

▶▶▶ 損益平衡點以參加人數作為衡量依據

　　在一場國際會議中，如果沒有政府的預算補助，或是補助的額度非常少，都會以會議收取高昂的註冊費（registration fee）做為預算。在國外，會議預算由承辦單位事先規劃，預計參加人數，然後編列收支預算，以下我們以會議成本來進行參加會議人數的估算，以收取註冊費做為國際會議預算估算的方法：

(一)固定成本

固定成本（fixed cost）又稱為固定費用。固定成本相較於變動成本，是指成本總額在一定時期和一定業務量範圍內，不受業務量增減變動而影響，而能保持不變。因此，固定成本不會隨著參加會議的人數而有所變動，即使實際收益少於預期收益時，固定費用也不會改變。在會議顧問公司的成本中，不受收入影響的費用稱為固定成本費用，例如設備折舊、公司員工固定薪資等。

在會議籌備過程中，需要支付事前規劃、設計、出國協商、公關費用以及整合管理的服務報酬費用，必需編列先遣費用以為預算支應。在簽約時，因應意外狀況、氣候變化、或是其他影響會議出席人數的相關因素，應確保編列固定成本，以支付定金、場租、扣款或違約金等相關費用。 此外，籌備會議的「行政成本」與「風險成本」也需要納入到固定成本的考量之中。

(二)變動成本

變動成本（variable cost）和固定成本相反。變動成本是指那些成本的總額在一定的範圍之內，隨著參加會議人數的變動，而呈現線性增加幅度的成本。變動成本是根據出席會議人數，或其他舉辦會議因素而產生的變動。變動成本會隨著會議人數增加，而產生的成本；也就是說，變動成本是隨著收入上升而上升，隨著收入下降而下降的成本。例如，參加會議人員的餐飲費用、住宿費用及稅付金額，屬於變動成本。

(三)損益平衡點

損益平衡點（break-even point, BEP）所在的位置點，就是指會議收入和支出剛好平衡，剛好等於0，這些支出又可以分為會議成本和支出費用，而會議成本包括固定成本和變動成本。

觀察辦理國際會議的損益平衡點，可知道會議人數增加時，會增加報名費收入，當報名費收入高於損益平衡點時，則會議主辦單位賺

錢；相反的情況下，會議主辦單位會面臨到虧損的狀況。在國際會議成本效益評估中，以參加會議人數所代表的註冊費（registration fee）收入，判斷本次會議的損益是否兩平。因此，在計算國際會議是否損益平衡之前。首先，我們必需了解會議參加人數的最小目標人數，以做爲衡量會議經營成敗的財務指標，在損益平衡點，劃向橫軸的參與人數，就是規劃參與會議人數的收入目標。

用參加人數評估損益平衡點的預算估計

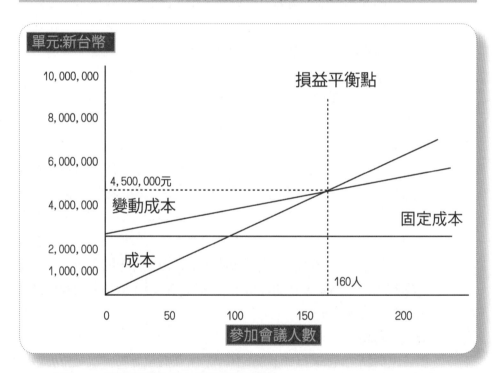

▲圖4-3　國際會議參加人數損益平衡圖

Tips
如何以註冊費做為預算的唯一考量？

　　在國外，因為西方國家多屬於資本主義社會，所有的會議成本都會納入到註冊費，或是報名費中，以做為國際會議承辦單位租賃高級的國際會議中心、午宴、晚宴場所的費用。

　　那麼，我們應該如何估計辦理一場國際會議所需要的成本和預算呢？

　　首先，我們藉由辦理國際會議的固定成本以及變動成本進行考量，在圖4-3中，我們知道辦理一場國際會議需要動員會議顧問公司的人力和設備，我們以公司的設備折舊、公司員工固定薪資等進行估算。在金額估算的時候，不要忘記將會議場地的定金、場地租金、扣款或違約金等相關費用估算進去。甚至說，如果這場會議請到國際知名的演講者，他們的機票、食宿，以及演講報酬都要算在固定成本之中。在這裡，我們可以發現辦理一場國際會議的固定成本約為新臺幣250萬元。

　　在變動成本方面，每一位來參加會議的與會者，他們在歡迎晚宴、頒獎午宴的吃喝費用和增加座位的費用；以及因為人數變動，造成新增小型討論會議室的場租費用，都是屬於變動成本的範圍。因此，每一位與會者估算出來的成本為12,500元。

　　我們用固定成本新臺幣250萬元和每位與會者的變動成本進行估算，算式如下：

　　2,500,000（元）＋12,500（元）×160（人）＝ 4,500,000（元）

　　如果我們進行損益平衡點的估算，在本次會議沒有政府、企業界任何捐助或是補助的則每位來參加會議的與會者，平均需要繳納的註冊費用的算式如下：

　　4,500,000（元）÷160（人）＝ 28,125（元），以美金對台幣的匯率1:28.125計算，相當折合美金的註冊費用為1,000元。

四、如何向政府申請會議經費？

目前外交部、經濟部、交通部、教育部等單位都有補助國際會議的補助要點

▶▶▶ 向政府申請補助經費需要提早進行

政府為了要鼓勵國際會議、展覽暨獎勵旅遊來臺舉辦，增加臺灣會展產業的就業機會，包括經濟部國際貿易局、交通部觀光局、教育部、行政院國家科學委員會、外交部國際NGO國際事務委員會，以及各縣市政府，都已經訂定優惠及獎勵的措拖，鼓勵國際會議在臺灣辦理。其中，政府各部會因為設立的宗旨和目標各不相同，對於補助的事項也不一樣。在推動會展業務方面，經濟部（國際貿易局）和交通部（觀光局）的補助方式是以補助國際會議、展覽活動，發展國內經濟及觀光旅遊發展為主；外交部補助非政府組織（NGOs）以發展全民外交事務；而教育部、國科會是以補助國際學術會議，發展我國學術研究績效為主。

在臺灣會展躍升計畫中，爭取國際會議在臺舉辦計畫的目的在於整合政府部會各項會展資源，增加國際會議在臺舉辦的成功率。此外，政府正加強推動民間單位加入國際組織，藉此可以爭取國際能見度和國際會議的主辦權，讓臺灣能夠躍升到國際舞臺，成為舉辦國際會議的重鎮。根據國際會議及展覽在爭取、推廣、舉辦和核銷等四個階段的特性，需要注意下列的事項：

　㈠是否為大學校院、法人機構才能夠申請？如果是的話，則一般公司行號、會議顧問公司則不能夠申請補助，只能依據政府採購法以標案方式進行。

　㈡是否補助的標的成立？根據國際會議屬性的不同，而有不同的補助性質。例如：教育部補助大專校院、民間學術團體辦理國際學術會議；行政院國家科學委員會（2012年改制為科技部）補助大專校

院、中央研究院辦理國際學術會議；外交部補助民間非政府組織
（協會、學會、基金會）辦理國際會議；而經濟部和交通部則以發
展國際貿易、增進外國人來臺觀光的會議活動，並可以增進會議旅
遊，提升在臺灣的消費活動爲主。

㈢是否有自籌經費？是否需要政府部分的補助？在舉辦國際會議時，
需要主辦單位自己有自己的經費來源，稱爲「自籌經費」，而政府
的經費補助多數不能超過一定的數額，否則有圖利他人的問題；所
以當會議主辦單位找到相關單位尋求經費的支援時，其目的是有效
地掌控盈虧，最好能夠達到損益平衡。政府單位補助國際會議的考
量是希望透過大專校院、民間非政府組織努力發揮在社會上的影響
力，藉由舉辦國際會議的機會，打響國際知名度。所以當大專校
院、民間非政府組織獲得政府補助會議預算補助時，應考慮專案專
款專用的方式，最後在結案的時候，提供相關的帳目明細，保留相
關的單據，以備將來審計單位的查證。或是依據相關規定，將原始
憑證及支出分攤表，經過相關人員的核章之後，送給補助單位核銷
及撥款。

提升會展活動實踐力講座 4
國際會議的預算來源有哪些？

　　在經濟不景氣的時代，由於政府財政困窘，往往不能支應國際會議
全部的預算。

　　那麼，舉辦國際會議的預算，到底有哪些來源呢？我們分析經費來
源的結果，發現有下列的預算來源，包括：政府補助、民間募款，以及
承辦單位自己籌備（自籌）等方式，預算來源可以區分如下：

爭取國際會議的預算補助，打響臺灣的知名度

台灣政府間國際組織、非政府組織、及大專校院向政府申
請國際會議補助流程圖

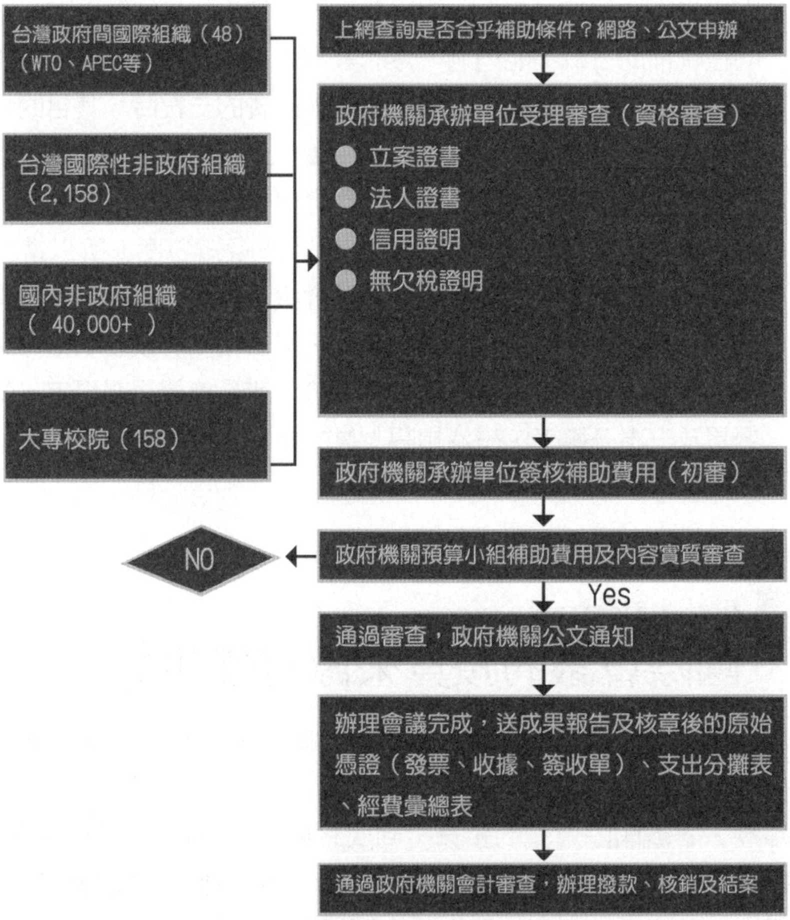

```
台灣政府間國際組織（48）        →    上網查詢是否合乎補助條件？網路、公文申辦
（WTO、APEC等）                         ↓
                                 政府機關承辦單位受理審查（資格審查）
                                   ● 立案證書
台灣國際性非政府組織                ● 法人證書
（2,158）                          ● 信用證明
                                   ● 無欠稅證明

國內非政府組織
（40,000+）

大專校院（158）                   政府機關承辦單位簽核補助費用（初審）
                                         ↓
                   NO   ←    政府機關預算小組補助費用及內容實質審查
                                         ↓ Yes
                             通過審查，政府機關公文通知
                                         ↓
                             辦理會議完成，送成果報告及核章後的原始
                             憑證（發票、收據、簽收單）、支出分攤表
                             、經費彙總表
                                         ↓
                             通過政府機關會計審查，辦理撥款、核銷及結案
```

▲ 圖4-4　向政府申請舉辦國際會議補助流程圖

Tips
政府補助國際會議在臺灣舉辦的項目有哪些？

　　因為各部會的執掌不一，補助的內容也不一致。我們以外交部國際NGO國際事務委員會為例，說明補助的項目，其中補助超過100萬以上的金額，需要依據政府採購法公開招標：

1.部分補助

　⑴申請參加各種國際組織的入會費。

　⑵參加國際會議及活動，或是邀請國際人士來臺參加會議及活動的費用。

　⑶補助場地租金等會議相關費用。

　⑷在國內申請設立非政府間國際組織總部、秘書處，或是亞洲（亞太）地區秘書處，補助開辦費用。

2.全額補助（依據政府採購法及外交部相關採購規定辦理）：機票款。

☑補助款

「補助款」是中央機關依據行政上的裁量權，在評估民間團體的需求和績效之後，從中央政府總預算的補助支出項目中，發給民間團體的補助經費。「補助款」是中央機關對於民間團體的獎助（award），所有時候民間團體不一定可以拿得到，也就是說民間團體是否可以拿得到，以及可以拿到多少補助，都需要看中央機關的補助額度、補助標準或補助態度。

以國際會議來說，補助款項目除了外交部的經費可以支應的項目較多；其他部會限於預算項目，通常只能支應印刷費、場地費、文宣費等和會議直接相關的費用。

這些費用和大會手冊、大會論文集和其他相關文宣印刷項目有關，需要用原始憑證（廠商開立的發票或是收據）來進行核銷。目前政府補助會議的經費相當有限，在國際學術會議補助費項目中，分類如下：

1.由跨洲際國際學術組織於世界各地輪流舉辦，且由我國取得主辦權，或與國際學術組織聯合舉辦，並針對國內重點研究領域主題的大型國際學術會議。

2. 國際學術組織正式認可在我國舉辦，或與國外學校及文教學術團體主辦的國際學術會議。

以上的補助申請案件，需要依據國際學術會議的研究領域、會議論文、主題、規模、講員學術地位、預期效益、與會國家數目與人數、主辦單位的聲望、以往執行成效，進行經費預算編列向政府機關申請補助。

☑委辦費

「委辦費」是由政府機關委託民間機構，例如委託公私立立案學校、政府立案的財團法人、社團法人、公司法登記的公司等單位，委託辦理國際會議的經費。

在國際會議委辦費的定義中，凡是委託上述單位辦理國際會議相關業務，並且依據雙方約定契約內容支付的各項經費，都是屬於委辦費。我們透過政府採購法的規定，辦理勞務性的招標，包含會議專業服務、技術服務、資訊服務、研究發展、營運管理、訓練、勞力，以及其他經主管機關認定的勞務。

目前政府機關以公開招標、選擇性招標，及限制性招標來辦理委託招標案件。依據政府採購法相關法規的規定，超過新臺幣10萬元以上需要辦理比價，超過新臺幣100萬的案子都需要經過公開上網招標的程序，在新臺幣10～100萬元的案子，也有採取公開招標的方式進行。

委辦費需要以領據（也就是領款收據）來核銷，原始憑證（也就是發票、收據、個人勞務費用的簽收單）則留在委辦單位（公私立立案學校、立案的財團法人、社團法人、公司法登記的公司），以供將來財政部國稅局或是監察院審計部來抽查時的備查工作。

☑贊助經費

贊助經費是由公司行號贊助會議的經費，需要由主辦單位或是承辦單位開立受款收據或是發票，贊助經費通常區分為不同等級，較高等級的贊助者，可享有出席會議的機會，贊助單位的企業識別系統（corporate identification system, CIS）或標誌符號（Logo），能夠在大會文宣品、網頁，及大會展示布幕上曝光的機會。目前贊助經費分為：

1. 直接金錢贊助：由贊助廠商、政府單位或是個人直接以金錢進行贊助。
2. 直接實物贊助：由贊助廠商、政府單位或是個人直接以文宣品、紀念品及捐贈物品進行贊助。

3. 間接贊助：主辦單位和專業會議服務代理商簽訂合約或是服務合作協議，以成本費用或是比市場行情價低的合作費用，取得價格相對比較低廉，而且較為專業的服務支援。間接贊助可用於學生樂團演出、專業表演贊助等服務項目。針對單項服務支援，主辦單位應詳列需求，並單獨簽訂合約或是服務合作協議。

☑註冊費

註冊費又可以稱為報名費，原則上在國外舉辦的國際會議的經費來源，是以會議收取的註冊費為主，所收取的註冊費和支出項目，應該能夠達到收支上的平衡。

　在國際會議中，依據報名時間早晚，採取不同費率：

1. 如果報名時間比較早：則為了鼓勵早起的鳥兒（early birds），所收取的註冊費較低。
2. 報名時間較晚：收取的註冊費比較高。

　在國際會議中，依據是否由國際會議組織來認定參加者是否為會員，採取不同費率：

1. 如果是會員：收取的註冊費會比較低。
2. 如果不是會員：收取的註冊費會比較高。
3. 如果是團體會員：以團體會員報名，收受團體會員會費，則會員都能出席。

當國際會議採取不同的出席費費率定價時，必需避免影響可能出席人員的出席能力及出席意願，並且需要遵循過去舉行相似的國際會議的差價收費的慣例標準，以免引發收費上不必要的爭議。

本章題組

（　　）1. MICE Bidding的「Bidding」的意思是？　(A) 邀標　(B) 競標　(C) 圍標　(D) 綁標。

　　　題解：MICE Bidding的「Bidding」的意思在英文中的中文翻譯有幾種意義，包括：(1)拍賣中的出價、喊價；(2)召喚、邀請；(3) 甚至還有在橋牌中的「叫牌」也叫bidding。在這裡有競標、投標的意思，所以答案為(B)。

（　　）2. request for a bid proposal簡稱為RFP，中文翻譯為：　(A) 邀標書　(B) 競標書　(C) 圍標書　(D) 綁標書。

題解：request for a bid proposal簡稱為RFP，中文翻譯為「邀標書」或是「要標書」，所以答案為 (A)，RFP簡單來說，就是需求的一方根據自己對於委外計畫的需要，希望提供服務的一方提案的「提案要求書」。一般來說，政府機關、建築界和工程界等單位都有RFP標準格式和程序，但是內容要求則是因不同的計畫而有所差異。

( ) 3. 不隨著參加會議的人數而有所變動，即使實際收益少於預期收益時，也不會改變的成本為： (A) 固定成本 (B) 變動成本 (C) 餐飲費用 (D) 稅付金額。

題解：不隨著參加會議的人數而有所變動，即使實際收益少於預期收益時，也不會改變的成本為「固定成本」。

所以本題的答案是 (A)。

( ) 4. 設備折舊、員工薪資、餐飲費用、住宿費用及稅付金額，可歸類為： (A) 有形成本 (B) 無形成本 (C) 有形利益 (D) 無形利益。

題解：(A) 有形成本是指可被精確量化的成本。
(B) 無形成本是指很難或不能被量化的成本。
(C) 有形利益是指可被精確量化的利益，或是指產品的優勢或功能。
(D) 無形的利益通常不能被量化，涉及到社會觀感、國家社會及個人的尊榮、地位、安全、愉悅、舒適、美觀等感性的因素。

所以本題的答案是 (A)。

( ) 5. 目前中小型會展組織的財務來源，不包括： (A) 政府補助 (B) 會員會費收入（含利息） (C) 企業贊助 (D) 房屋仲介費用。

題解：目前中小型會展組織的財務來源，包括：政府補助、會員會費收入（含利息）、企業贊助，所以不包含 (D) 房屋仲介費用。

第五章　會議如何設計？

專題講座　**提升會展活動實踐力講座 5**

成功的會議流程

本章題組

一、會議的流程如何設計？

一場會議的流程考驗著幕僚的應變能力

▶▶▶ 會議的流程通常由幕僚及承辦單位規劃好，名義上由主辦者召開

　　一場會議的流程，不應該只是會議中的流程，還要包括會前規劃和會後評估的流程。

　　一場重要的會議是集合大多數人的時間和精力來完成，爲了要保證會議期間能夠有效的集合衆人的智慧，達到會議所要達成的目標，因此，會前籌備的規劃階段，是非常重要的。

　　由ISO9001：2000品質管理系統來看，會議也有標準作業程序（standard operation procedures, SOP）。例如，在進行會議前的評估時，預先評估這一場會議值不值得辦？是否有足夠的預算來辦？辦起來有沒有效果？因此，考慮到整體會議的宗旨、目的、效果、舉辦方式，以及預算編列等工作，都是在會議前要做的功課。接著，需要辦理會議前的籌備工作，以方便會議有效達成。

　　㈠確定是否需要辦理籌備會議？

　　㈡確定是否需要辦理小組工作會議？

　　㈢籌備時程是否來得及？

　　㈣籌備會議經費是否到位？

　　在決定會議舉辦地點的考量方面，應該考慮開會的人數，選擇最適合的會議室。會議室可以安排成劇場型式、教室型式、宴會廳式，或討論會式等不同形式的空間。

　　在決定舉辦會議的時間，應該考慮邀請開會的與會者是否有空？當主辦單位決定會議地點及時間之後，就可以開始準備會議舉辦前的工作，並且進行會議當天流程的標準作業程序。

　　當這場會議結束了之後，應該進行會議室的清潔，以及會議成果的

檢討評估。並且需要深入了解參加會議者對於會議期間各項事務安排的感想，並且進行檢討，以做為以後舉辦類似會議的參考。

Tips

開會前後準備的文件有哪些？

1. 開會通知單　　　5. 會議簽到簿
2. 提案單　　　　　6. 會議紀錄
3. 會議議程　　　　7. 會議成果報告書
4. 會議資料

會議流程檢核表是檢核會議完成的程度

會議行政流程的SOP

表5-1　會議行政流程的標準作業程序

	項目	檢核表（checking lists）
進行前	議程安排	☑ 1.請柬發送了嗎？ ☑ 2.網路通知宣布了嗎？ ☑ 3.會議通知發送了嗎？ ☑ 4.會議資料準備了嗎？ ☑ 5.宣傳海報張貼了嗎？ ☑ 6.報名名單準備了嗎？ ☑ 7.主席致詞稿準備了嗎？
	場地布置	☑ 1.簽到簿準備了嗎？ ☑ 2.紅布條懸掛了嗎？ ☑ 3.坐次名牌製作了嗎？有沒有擺對位置？ ☑ 4.音響準備了嗎？麥克風準備了嗎？ ☑ 5.單槍投影機準備了嗎？

	項目	檢核表（checking lists）
	場地布置	☑ 6.演講者的PowerPoint準備了嗎？ ☑ 7.錄音設備（錄音筆）準備了嗎？ ☑ 8.雷射筆（laserpoint）準備了嗎？ ☑ 9.茶點準備了嗎？
	貴賓接待	☑ 1.貴賓停車位預留了嗎？ ☑ 2.路標指引準備了嗎？ ☑ 3.導引人員安排好了嗎？ ☑ 4.貴賓休息室布置了嗎？ ☑ 5.接待人員安排好了嗎？
進行中	一、司儀	☑ 1.宣布開會，是否熟悉議程？ ☑ 2.介紹主席及出席貴賓，是否熟悉出席貴賓的姓名及簡歷？ ☑ 3.宣布開會，請主席致詞和貴賓致詞。 ☑ 5.流程控管，是否可以掌控會議時間？
	二、接待服務	☑ 1.現場有沒有人傳遞麥克風？ ☑ 2.茶敘時間有沒有人進行茶敘時間的服務？
	三、攝影服務	☑ 1.個人特殊的照片是否有專人進行攝影？ ☑ 2.團體照相是否預留時間？
	四、紀錄	☑ 1.錄音紀錄是否收音良好？ ☑ 2.紙本紀錄是否有專人進行實錄的製作？
	五、門禁控管	☐ 1.會場是否有人在進進出出？ ☐ 2.會場外是否有噪音一直傳進來？
進行後	一、會場清理	☑ 1.會場場地是否有人清理？
	二、經費核銷	☑ 1.會議經費是否有單據可以進行核銷及撥款？
	三、會議紀錄	☑ 1.會議紀錄是否已經彙整？ ☑ 2.會議紀錄是否送上級簽核？

	項目	檢核表（checking lists）
	四、成果報告書	☑ 1.成果報告書是否送上級簽核？ ☑ 2.成果報告書是否函送相關單位？

二、如何安排住宿？

住得好，吃得好，開會才有精神

▶▶▶ 會議的流程包括貴賓住宿安排

　　過去南北交通不便，即使是鐵路電氣化和高速公路開通之後，雖然臺灣南北交通時間縮短為四小時，但是如果會議時間在上午舉行，還是需要在前一天出發。如果乘坐飛機，卻有天候等變數，而且費用也太過高昂，所以需要安排與會者進行住宿。

　　臺灣高速鐵路在2007年開通之後，一場會議不管在臺北或是臺南召開，當天都可以來回，連「孩子的爸爸也可以每天回家吃晚飯」。在乘坐高速鐵路時，從高雄到臺北90分鐘的誘因之下，出差開會只要一天就可以搞定，同時省下了一筆住宿的費用。因此，目前國內的會議通常不太會傷腦筋安排會議的住宿，除非是獎勵旅遊會議活動；或是到臺東、花蓮、澎湖、金門、馬祖舉辦會議，才需要安排會議的住宿。

　　在現今的會議住宿方面，通常都是安排在飯店之中。為了要使開會者賓至如歸，強調客房住宿的服務速度、接送的精確性，以及飯店接待人員熱誠度。以下我們以獎勵旅遊會議安排方式，進行會議住宿的標準作業流程。

　　㈠訂房：由主辦單位負責貴賓訂房過程，訂房之前，應該看過房型，了解貴賓的需求，例如，是否吸菸？是否有氣喘的毛病？是否會打鼾？是否需要進行加長床型？是否需要網路訂位？

㈡接送：到機場、高鐵站、車站接送與會住宿的貴賓。

㈢櫃臺報到：帶領與會到櫃臺報到，領取房間鑰匙、早餐券、轉接插頭、網路傳輸線等設備。

㈣入住：請服務生提領貴賓行李，並且指引貴賓入住。

㈤客房服務：由貴賓打電話至服務台，決定是否要求客房服務，例如，洗衣服務，並且提供足夠的客房備品（amenity）。

㈥餐點服務：由貴賓至飯店享用早餐、晚餐，並且詢問是否有特殊的食物需求？

㈦清潔服務：由飯店清潔人員進行每日的房務清潔。

㈧退房：會議完畢後，辦理退房，並協助了解是否需要主辦單位繳付網路、傳眞、付費電視、洗衣費用，或是貴賓在房間冰箱、飯店內酒吧消費的額外費用。

三、如何安排餐飲？

住得好，吃得好，開會才有精神

▶▶▶ 會議的流程包括貴賓餐飲安排

　　過去舉辦會議，遇到安排餐飲，因爲受到政府會計相關法規的新臺幣80元一個便當的規定，導致會議安排者鬧出「會議餐飲」就是80元便當，乘以與會人數等於餐飲總價的國際笑話。

　　事實上，在國際會議中，會議餐飲的重要性，不亞於會議本身。會議中根據參會人員的喜好，可以安排中餐、西餐、自助餐、宴會等。在統一安排餐飲的會議，對於成本的控制，需要考慮人數限制，以自助餐或是中午吃便當的方式，可以用發餐券的方式控制人數。但是，會議餐飲既然是會議中重要的元素之一，不應太過於寒酸，以免讓國際友人貽笑大方。

檢核飯店服務的細節，可以了解會議住宿的服務程度

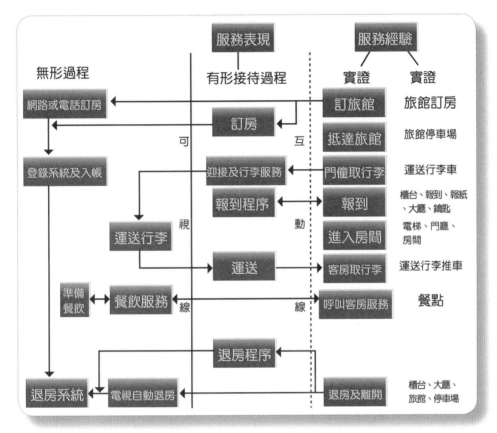

服務表現　　服務經驗

無形過程　　有形接待過程　　實證　實證

網路或電話訂房　　　　　　訂旅館　旅館訂房

可　　訂房　　互　　抵達旅館　旅館停車場

登錄系統及入帳　　迎接及行李服務　門僮取行李　運送行李車

報到程序　　報到　　櫃台、報到、報紙、大廳、鑰匙

視　　運送行李　　動　進入房間　電梯、門廳、房間

運送　　客房取行李　運送行李推車

準備餐飲　餐飲服務　　線　呼叫客房服務　餐點

退房程序

退房系統　電視自動退房　　退房及離開　櫃台、大廳、旅館、停車場

▲ 圖5-1　飯店服務的細節

　　過去考量國際友人在中餐中不會用筷子，只好招待國際友人吃西餐。但是西餐中，所需要考慮的國際餐飲禮儀非常之多，需要謹慎辦理。

　　尤其，我國是禮儀之邦，舉辦一場會議，不應該受限於政府採購法的繁文縟節，讓一場高格調的國際會議斯文掃地。因此，舉辦一場夠格調的會議，應該注意餐飲的準備，才能將我國著名的飲食文化，讓國際友人覺得賓至如歸。以下我們以國際會議高規格的正式宴會及一般宴會的西餐進行說明。

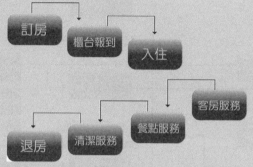

Tips

會議住宿要如何搞定呢？

▲圖5-2　Kandampully認為，飯店接待流程
　　　　應該清楚明確

㈠正式宴會（banquet）

　　正式宴會就是大會的晚宴，賓主需要按照身份排列依序就座。在一場高格調的正式宴會中，需要在請柬上註明衣著，並且針對餐具、酒水、菜肴，以及服務人員的衣著、儀態都有所要求。在正式宴會中，上菜順序包括冷盤、熱湯、主菜、甜點、水果等。一般來說，外國宴會餐前需要配合開胃酒的供應。

㈡一般宴會

　　一般宴會以非正式宴會的形式來進行。例如舉辦一場午宴（luncheon）、晚宴（supper），或是早餐（breakfast）會報。一般宴會不需要安排座次，通常菜色數量較為不拘。在早餐及午宴中，一般西式餐點可以不供應熱湯及烈酒，只需要提供紅葡萄酒或白葡萄酒即可。

Tips
宴會中的開胃酒有哪些？

☑正式宴會的開胃酒

紅葡萄酒、白葡萄酒、威士忌、馬丁尼、琴酒、伏特加、啤酒、果汁、蘇打水、礦泉水等。在餐間用酒時，一般供應紅、白葡萄酒，以增進談話時的興致。

☑非正式宴會的開胃酒

提供紅葡萄酒或白葡萄酒即可。在臺灣，為了讓外賓了解我國的飲酒文化，常在大陸人士前叫高粱酒；或是外國人前叫臺灣啤酒，也是可以讓賓主盡歡的。

四、如何邀請外賓來臺？

邀請貴賓不能出席，會議將會大打折扣

▶▶▶ 邀請重要貴賓出席不只是送一張邀請卡而已

　　寄發會議通知或是寄發會議邀請卡，都是很有禮貌的邀請參與會議的方式，只是寄發邀請卡，更為貼心。在會議通知的內容上，應該寫出大會召集人的姓名或組織、單位名稱，會議的時間、地點、會議主題以及會議參加者、會務費、應帶的材料、聯繫方式等內容。通知後面要注意附回執，這樣可以確定受邀請的人是否參加會議。此外，需要附上到達會議地點和住宿飯店的路線圖。

　　為了順利辦理活動，邀請重要的國際貴賓，一般來說，需要在會議前6個月到1年，就需要確定邀請，並且請外交部、內政部入出國及移民署、交通部民航局協助來訪、入境和通關禮遇的事宜。

檢核宴會場地，可以了解會議餐飲的服務程度

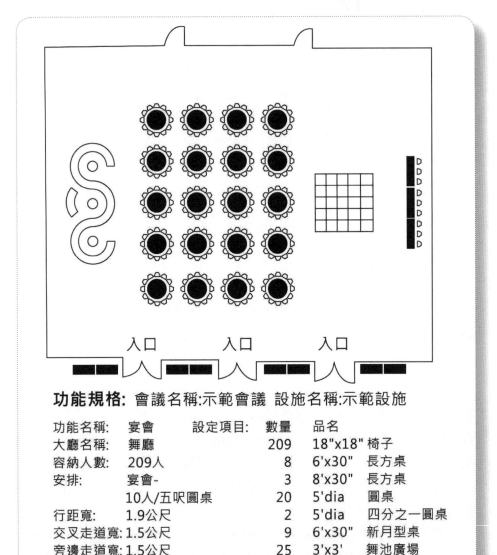

功能規格: 會議名稱:示範會議　設施名稱:示範設施

功能名稱:	宴會	設定項目:	數量	品名
大廳名稱:	舞廳		209	18"x18" 椅子
容納人數:	209人		8	6'x30"　長方桌
安排:	宴會-		3	8'x30"　長方桌
	10人/五呎圓桌		20	5'dia　圓桌
行距寬:	1.9公尺		2	5'dia　四分之一圓桌
交叉走道寬:	1.5公尺		9	6'x30"　新月型桌
旁邊走道寬:	1.5公尺		25	3'x3'　舞池廣場
中央走道寬:	1.5公尺			

▲ 圖5-3　正式會議宴會場地

Tips
西式宴會如何安排圓桌？

　　西式正式宴會以長桌型和美式圓桌型擺設位置，其中長桌型招待客人以15～20人為宜，以方便客人在宴會時的交誼活動。在圓桌方面，可區分為直徑152公分圓桌（可坐6～8人）、直徑168公分圓桌（可坐8～10人）及直徑183公分圓桌（可坐10～12人）等不同大小的桌型。

▲圖5-4　餐飲服務要讓賓客有賓至如歸的感覺，圖為中華大學實習餐廳學生外場實習鏡頭（方偉達／攝）。

▲圖5-5　會議宴客桌上都要放置主賓客的名牌，以示對於賓客的尊重（方偉達／攝）

▲圖5-6　國際會議廳的宴會圓桌造型，圖為臺大醫院國際會議中心（方偉達／攝）。

▲ 圖5-7　在會議餐間用酒時，一般西餐廳供應葡萄酒及不含酒精飲料，以增進談話時的興致（方偉達／攝）。

　　在國際交流中，屬海峽兩岸中國和臺灣的交流最為費時費力。例如，大陸人士以開會來臺為例，需要辦理中華民國政府核發的「入出境許可證」、中華人民共和國政府對臺辦核發的「赴台批件」、公安部核發的「往來台灣通行證」三項證件，總計花費申請項目往返時間需要耗時4～6個月以上，比來臺申請觀光時間較長。因此，在邀請大陸人士來臺交流，需要提前辦理。

　　在國際人士來臺方面，除了持有效美國、加拿大、日本、英國、歐盟申根、澳大利亞及紐西蘭等先進國家簽證（包括永久居留證），許多國際人士來臺都需要檢送護照、邀請函，以及行程表辦理簽證。

　　部分國家需要辦理簽證申請人所持有的本國護照，護照效期必需至少6個月以上，國際人士來臺需填妥簽證申請表，向我國駐外使領館或代表處、辦事處辦理。如果邀請該國的重要貴賓，沒有辦法在當地辦理簽證，可以向外交部專案申請採用選擇性落地簽證，辦理重要貴賓的簽證事宜。

Tips

什麼是「選擇性落地簽證」？

　　依據外國護照簽證條例第6條的規定：「持外國護照者，應持憑有效之簽證來我國。但外交部對特定國家國民，或因特殊需要，得給予免簽證待遇或准予抵我國時申請簽證。前項免簽證及准予抵我國時申請簽證之適用對象、條件及其他相關事項，由外交部會商相關機關定之。」

　　因此，若邀請對象是與我國並無邦交的國際重要人物、可以檢送護照影本、中央政府機關公函、外國人來臺保證書等，備妥名冊（含確切行程及航班資料），循著公務系統，送請外交部辦理選擇性落地簽證，核發外交、禮遇、停留簽證等事項。

海峽兩岸政府核准大陸人士來臺的程序相當複雜

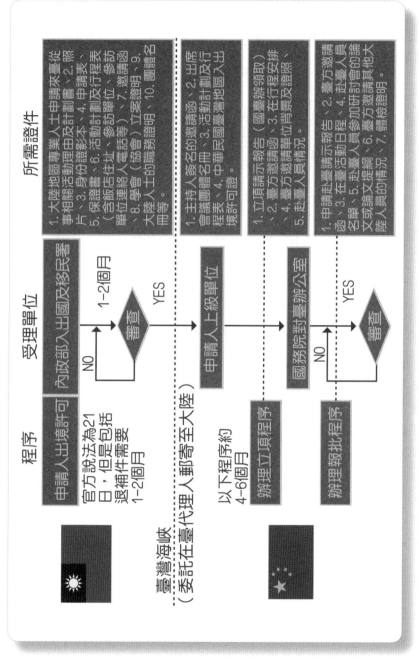

▲ 圖5-8　海峽兩岸核准大陸人士來臺行政程序

Tips

中國大陸人士申請來臺參加研討會的程序？

1. 收到中華民國內政部入出國及移民署寄出的入出境許可證

2. 辦理中華人民共和國國台辦立項程序

3. 辦理中華人民共和國國台辦報批程序

　(1) 交流項目批准後，國台辦開具「赴台批件」。

　(2) 赴台人員應嚴格遵守「赴台批件」核准的時間，按時返回。

4. 辦理大陸居民往來臺灣通行證

　(1) 公安部門所需材料：國台辦開具的赴台批件、赴台人員所在單位出具介紹信、台方邀請函，及入台證影印件、本人身份證（備複印件）、戶口本（備複印件）及4張二吋免冠護照用照片。

　(2) 非公職人員赴台，持國台辦公函，到當地公安機關申請有關赴台的手續。

5. 辦理赴臺

　(1) 經香港前往臺灣，憑赴台證件與機票過境香港7日內免辦簽證。

　(2) 持證人須持有中國護照或往來臺灣通行證始准入境臺灣，也可以由金門、馬祖、澎湖入境。

專題講座 提升會展活動實踐力講座 5

成功的會議流程

中國文化大學經濟學系主任柏雲昌教授認為，在辦理國際會議時候，每一位國外人士每天在臺灣的平均經濟效益，估算大概是新臺幣14,000元，其中包含了私人的支出為8,000元，會議的支出為6,000元。根據國際會議協會（ICCA）的統計，每年國際會議的產值約為2,800億美元。會議展覽旅遊者的平均消費是一般觀光客的2至4倍，而且可以創造許多的就業機會。

在一場成功的會議中，除了鉅細靡遺的考慮許多會議中的議程項目；此外，要積極協調及安排繁瑣的會議相關的行政工作。例如：安排會議接待人員、安排會議接待場所，以及安排會議接待所必備的物品等。在會議流程中，依據會前規劃、地點推薦、決定地點、舉行會議、會議評估等順序，進行下列會議規劃流程如下：

1. 與會議主辦單位洽談會議大綱及細節。
2. 向會議主辦單位提供會議接待策劃方案，並且提出報價。
3. 邀請會議主辦單位實地考察會議舉辦場所，並推薦地點，納入地點候選方案。
4. 與會議主辦單位確認會議接待的

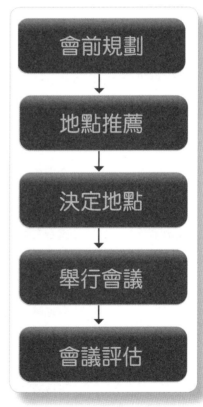

▲圖5-9 會議組織規劃的流程

方案及地點。

5. 與會議主辦單位簽訂會議接待契約。

6. 確認會議主辦單位預付會議訂金事宜。

7. 在會議舉辦之前研議會議工作人員服務項目及會議接待手冊。

8. 準備大會資料，包含邀請函、撰寫新聞稿、邀請媒體採訪、接送服務、會場服務、翻譯、通訊及秘書服務等項目。

9. 舉行會議。

10. 進行會議評估。

簡單來說，一場有正式議程的會議，需要準備流程和項目，詳如表5-2。

表5-2　會議準備流程

會議準備程序	會議準備項目
會議前程序	1. 協調與會者開會時間。 2. 聯繫及通知上級指導單位。
	1. 確定會議的目的和整體方案。 2. 準備會議時間，列出商討日期。 3. 蒐集討論資料，將相關項目合併討論。 4. 安排會議交通及接駁，進行會場周邊交通管制。
會議期間程序	1. 會議主席致詞，敘述會議的目的。 2. 介紹與會者。 3. 核對上次會議紀錄。 4. 根據本次的議事項目，會議主席依照順序進行討論，並且公平地徵詢與會者的意見。 5. 控制討論的時間，讓每一個議題的討論時間相當，主席並且歸納與會者的意見；如果發生與論題無關或深入到不必要的細節上，應及時引導到議題本身。 6. 形成議案後進行表決，以達成結論。

會議準備程序	會議準備項目
	7.在會議結束之前，對已經形成決議的事項進行紀錄，如果有必要可以列為下一次的討論事項。 8.確定下次開會的議題和時間。
會議後程序	1.傳閱記錄者所做的會議紀錄。 2.根據會議紀錄，定期監督執行成效。 3.進行會議報告書、會議紀錄、新聞稿發布，以及會議代表通訊錄的印製。 4.核算及撥付本次會議支出項目，並且辦理核銷及結案。

Tips

會議中相關的籌備單位有哪些？

1. 指導委員會（Advisory Board）
   一般由指導單位及相關機構負責人擔任，負責會議籌備工作之指導，可設為大會榮譽主席等職。

2. 籌備委員會（組織委員會）（Organizing Committee）
   籌備委員會負責政策原則之籌劃，會議組織以國際會議籌委會為最高行政機構。

3. 執行委員會（Executive Committee）
   執行委員會設置主任委員（大會主席）一名，決定籌備會議議程、召開籌備會議、定期向籌備委員會提出進度報告、召開執行委員會議、協調各項工作及控制預算。

4. 科學顧問委員會或技術委員會（Scientific Advisory Committee or Technical Committee）
   簡稱論文審查委員會，審稿委員必需審查論文來稿，負責保證國際會議論文合乎國際學術水準。

5. 大會秘書處
   負責具體實施執行委員會決定的與會議籌備相關的一切事宜。

本(章)(題)(組)

( ) 1. 在機場設置接待與會來賓的接機櫃檯，是向那一個單位申請設置？ (A) 警政署航空警察局 (B) 內政部入出國及移民署 (C) 外交部禮賓司 (D) 交通部民用航空局。

　題解：本題中所謂的接機櫃檯，通常指的是在桃園國際機場、高雄國際機場，或是臺北松山機場所設的接機櫃檯，需要向交通部民用航空局申請設置，所以答案是 (D)。

( ) 2. 下列何者貴賓，不列為特別禮遇通關的對象？ (A) 外國駐我國大使 (B) 外國部長 (C) 我國駐外大使 (D) 我國中央級民意代表。

　題解：在禮遇通關方面，依貴賓身分區分為國賓、特別及一般禮遇。以上禮遇人員不包括我國中央級民意代表，如立法委員。所以答案是 (D)。

( ) 3. 下列禮遇何者有誤？ (A) 國賓禮遇：指禮車進出機坪接送，並由國賓接待室直接入、出國。 (B) 特別禮遇：指由公務門入、出國。 (C) 一般禮遇：指經由禮遇查檢櫃入、出國。 (D) 以上皆非。

　題解：所謂的國賓禮遇及特別禮遇，需經過公務門登機，這個公務門像是機場隱密的內部通道，不需要經過海關安檢線的檢查；但是，一般禮遇還是要經過安檢線進入海關。上述 (A)、(B)、(C) 答案都是對的，所以本題的答案是 (D)。

( ) 4. 國賓禮遇、特別禮遇及一般禮遇申請案，應以書函向那一個單位申請？ (A) 內政部警政署航空警察局 (B)外交部禮賓司 (C) 內政部入出國及移民署 (D) 交通部民用航空局。

　題解：內政部警政署航空警察局受理交通部民用航空局業務相關單位要求禮遇通關的來文。航警局會逐一審查各單

位要求禮遇對象、搭機航班、時間有無錯誤或符合禮遇
作業規定。在貴賓搭機前一日製發禮遇通報送警備隊、
航空公司等單位，等到國外貴賓來臺後，由禮遇人員引
導。**所以本題答案為**(A)。

(　) 5. 一般國家需要辦理簽證申請人所持有的本國護照，護照效期必
需至少在幾個月以上？ 　 (A) 1個月 　 (B) 6個月 　 (C) 9個月 　 (D)
12個月。

題解：一般國家需要辦理簽證申請人所持有的本國護照，護照
效期必需至少在6個月以上，**所以本題答案為**(B)。

第六章　　會場如何安排？

**專題
講座**　　**提升會展活動實踐力講座 6**

標準的會場設置方法

本章題組

一、如何排出劇場型的會場座位？

劇場型的座位，屬於大型會議空間

▶▶▶ 可以分為觀眾席、主席臺區、後臺區

　　劇場型（theater）是國際會議在研討會中，採用最多的一種形式。可以適用於全體會議（plenary session）、劇場表演、大型團體的演講。根據劇場空間的擺設，區分為三個部分，包括了前臺區（即觀眾席）、舞臺區（即表演區或是主席臺區）和後臺區（可以做為更換布景、演員化妝、休息等）。

　　劇場型的主席臺位置和與會者相對而坐，參加會議的人員，純粹以觀看表演或是聆聽演講為主，所以在聽講的時候，可以不需要進行討論。

　　主席臺的座位和位置列在舞臺區，依據職務、社會地位，進行排列。主席臺的座位以正中央的席次為地位最高，其餘依照西方國家的外交禮節，以尊右原則，依照順序排列，例如：主席右手方為地位較高，左手方為地位較低。劇場型排列可以適用於用來傳達大會訊息、指示及說明為目的的會議。一般來說，劇場型的排列，可以觀看舞臺的表演，依據座位的人數，可以分為下列幾種：

　　㈠大型劇場：1,200個以上的座位。

　　㈡中型劇場：約500～1,200個座位。

　　㈢小型劇場：約150～500個座位。

要改善劇場型排列的缺失，應該採用魚骨型排列

　　劇場型排列方便看臺上人員演講或是表演，但是不方便抄筆記，同時也不方便坐在劇場後面的觀眾看表演，因為很容易被前面的觀眾擋到視線，因此，有下面的改善措施。

　　㈠教室型（classroom）劇場：同時擺設椅子和桌子，方便抄錄筆記。

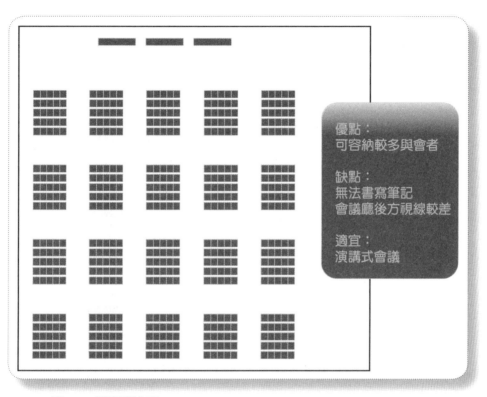

▲圖6-1 劇場型排列

Tips

劇場型（theater）排列的優缺點有那些呢？

1.優缺點

　⑴優點：可容納較多的與會者。

　⑵缺點：無法書寫筆記，會議廳後方視線較差，如果有
　　　服務人員在座位前方走動或站立時，對與會者將產生
　　　干擾。

2.適用

　全體會議（plenary session）、劇場表演、大型團體的演
　講。

㈡階梯型劇場：依據階梯狀設計位置，可擁有較佳視線和聲音傳達的效果。但是缺點是在階梯教室常有上下階梯步履不穩，產生跌倒的情形。

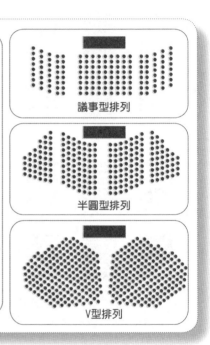

▲圖6-2　劇場型一般排列和魚骨型排列方式

Tips

什麼是魚骨型（herringbone）排列呢？

　　如圖，將座位排弄成扇型或V型排列的形式。上圖中，可以區分劇場型排列為一般型排列和魚骨型排列，魚骨型的排列依據角度可分為議事型排列、半圓形排列、V型排列三種。但是，為了避免前方的觀眾擋到視線，通常搭配階梯型劇場進行一階一階的梯狀高差進行後面高、前面低的階梯型狀設計。

二、如何排出教室型的會場座位？

教室型的座位，適合聽專題演講

▶▶▶ 教室型的會場適用於學校的大講堂教學

教室型（classroom）的會場，依據人數的不同，區分為不同的大小。以形狀來說，則是中型會議的微長方形最為理想，最好的長寬比例為6：5。

教室型的會場，同樣適用於演講型的會議。因此，在教室型的會場布置中，需要在每一位與會者的座位前方，增加一個桌子，或是增加一個摺疊式的檔板，可以用來閱讀文件，或是書寫文字使用，以讓與會者感到座位舒適寬敞，不致於太過擁擠。

在劇場型的教室，增加檔板設計之後，這種類型的會場布置，只能適用於中型規模的會議。因為，如果與會人數增加太多，又需要將會場布置成為教室型的會場，就只好將會議區分為不同的地點進行會議了。

依據階梯狀設計階梯教室，聽講者的座位居高臨下，可以讓聽講者擁有比較好視線效果，不會被前面的聽講者擋到視線。階梯型的教室，通常興建於建築物高度挑高的會議廳。但是，階梯教室常常會有與會者因為上下階梯時太過倉促，因而導致不小心跌倒的狀況，所以，階梯不能設計太陡峭。

同樣的，教室型會場的座椅也可以擺放成議事型排列、半圓形排列、V型排列三種型式，這樣的排列，將使會場更具有臨場感、包容感和視覺感。

只要是聽演講，與會人員都喜歡坐在後排

在教室聽演講，與會人員大都喜歡坐在後排，常常會讓前排位置顯得空盪盪的，有時候前來聽講的人們遲到，進進出出的話，會對於會場氣氛有顯著的不良影響。所以，安排教室型的演講時，可以將後面空出的座位

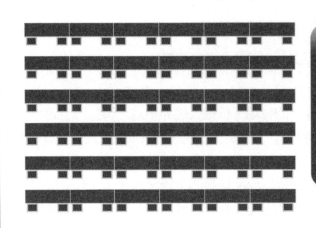

▲圖6-3　教室型排列

Tips

教室型（classroom）排列的優缺點有那些呢？

1.優缺點

　(1)優點：可容納較多與會者，並可抄錄筆記。

　(2)缺點：會議廳後方的視線較差。

2.適用

　小型演講或工作坊。

利用阻隔帶進行隔絕，讓前排座位坐滿之後，才可以坐到後面的位置。這樣，不但讓演講者有被尊重的感覺，營造出會場良好的聽講氣氛。

　　此外，在會議廳的出入口設計方面，應該將教室型的會場進出口設計在會議廳後方，才不會讓遲到的聽講者和正在口沫橫飛的演講者之間，因

為聽講者遲到，而產生尷尬的感覺。

　　而且，許多在教室型聽講的與會者，都會感受到會議室大門開開合合的碰觸聲音，影響到他們的聽講活動。因此，建議在會議室大門使用帶有彈簧式的鉸鍊閉門器，並且以吸音橡膠、海綿等進行門縫之間的緩衝，可以便於進出會議室的人們輕輕拉合，以避免影響會議中進行。

Tips

如何避免會場開關門的噪音太大聲？

　　運用彈簧式的鉸鍊閉門器，可以便於進出會議室的人們輕輕拉合，以避免響聲。

三、如何排出圓桌型的會場座位？

圓桌型的座位，適用時頒獎餐會的進行

▶▶▶ 圓桌型的會場座位要安排談得來的朋友坐在同桌

　　圓桌型（round table）的排列，可用於晚宴（banquet）、頒獎餐會（award luncheon）以及其他同型的會議，一般可以使用圓桌或是橢圓形的桌子進行排列。

　　圓桌型同時可以安排小組討論，也不會有尊卑的問題，可以讓參加會議討論的與會者，不會被排斥的感覺。

　　一般來說，與會者可以看到其他人的臉，同時聽到聲音，對於討論共同的話題，具有良好的效果。如果會議在小組討論的同時，還要聽到會議

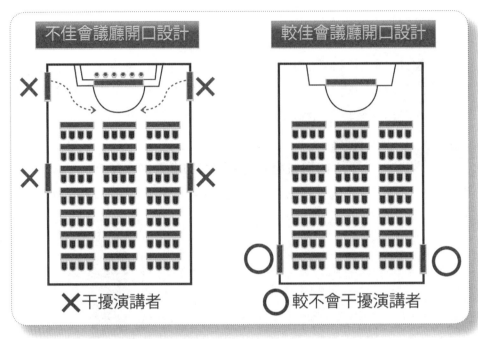

▲圖6-4　會議廳的開口設計，圖左容易干擾演講者，圖右較不會干擾演講者。但是為了避難逃生，還是要遵守消防法規的規定，進行左圖中（打×部分）逃生出口（exit）的設計。

主持人或是大會邀請貴賓的演講，那麼與會者最好坐在面向演講者的座位，才能看到演講者的臉。在分組討論時，每組以10～20人進行分組。在座位的安排時，需要注意以會議主持者為中心，越靠近會議主持人的圓桌座位地位越高。然後安排女性貴賓的座位時，不要安排離會議主持人太遠。

在大型宴會的時候，會議主持人和最高等級貴賓坐在同桌（圖中第3桌的位置），並且面對面坐，最高等級貴賓坐在朝門的位置，會議主持人坐在背門的位置，同等級的主客選擇圓桌的對角線相對而坐。如有宴會中頒獎，則選擇第3桌前方設置舞臺和主席臺以便頒獎及頒獎後致詞，並視需要安排會後表演活動舞臺。

　　如果桌子的數目太多，或是場地太大的話，需要設計位置較高的舞臺及主席臺位置，以提供與會者觀賞。如果要提升現場良好的視聽效果的話，需要裝設大型投影螢幕。在餐會的時候，需要考慮下列的座位排法。

(一)尊右原則

　　以中間位子的人最大，右邊座位的人又大於左邊座位的人。

(二)3P原則

　　1.Position：依據職位或地位進行考量。

　　2.Political Situation：依據政治進行考量。

　　3.Personal Relationship：依據人際關係考量賓客之間的交情、關係和雙方可以交談的語言。

(三)分坐原則

　　考慮男女分坐、夫婦分坐、華洋分坐。

Tips

圓桌型（round table）排列的優缺點有那些呢？

1.優缺點

　(1)優點：將與會者直接分組進行交流，可提供舒適餐飲服務。

　(2)缺點：個人空間太占位置，視聽設備難以展現效果。

2.適用

　宴會、研討會、圓桌會議。

圓桌需要考量尊右、3P、分坐原則

會議主持人和最高等級貴賓坐在同桌，也就是圖中第3桌的位置。如
圖6-5、6-6。

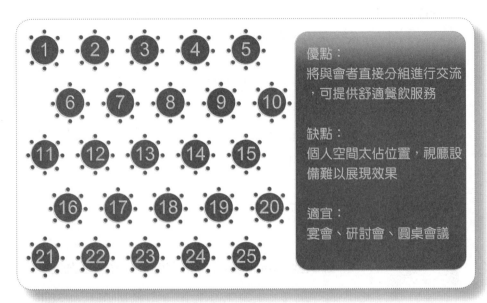

優點：
將與會者直接分組進行交流，可提供舒適餐飲服務

缺點：
個人空間太佔位置，視聽設備難以展現效果

適宜：
宴會、研討會、圓桌會議

▲圖6-5　圓桌型排列

四、其他會議室的座位排法有哪些？

其他會議室的座位排法，適用於委員會議、管理會議及小團體討論

▶▶▶ 本單元有四種排列適用於小型會議

(一)空心方型排列

空心方型（hollow shaped）排列，又稱為「口字型」，座位圍成空
心方形，座位之間只保留單一開口，或是完全封閉開口。這種排列
方式是研討會常用的方式，空心方型排列的優點，是與會者可以看
見對方的臉，聽見對方的聲音。在圖6-7顯示了一個空心方設置為
48人使用的排列圖，共計用了24張的長桌。

會議主持人和最高等級貴賓相對而坐，其他席次的
排列，由主持人的右手邊開始算起。

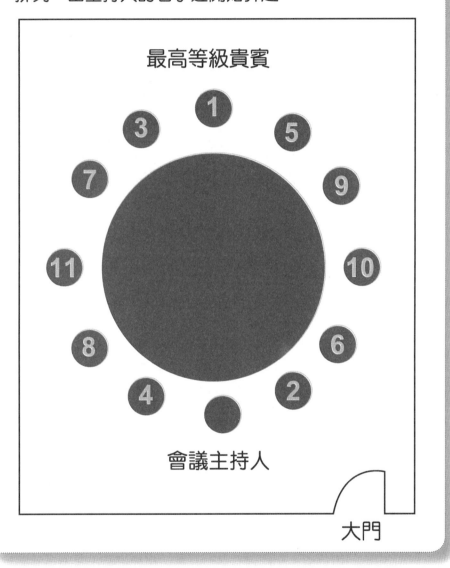

▲圖6-6　圓桌型排列的主賓座位。

Tips

為什麼中式和西式的圓桌座位主賓的位置不同？

在中式宴客和西式宴客時，通常坐法有下列的不同。

1. 中式：中式是以客為尊，主持人就怕怠慢了客人，所以主持人要坐在面對門的位置，以隨時看到進門的賓客，並且熱烈地招呼。

2. 西式：主持人的位置是背對門，最高等級的貴賓（主賓）是坐面對門的位置。因為在西方國家，過去曾經有過因為主賓背對門，被仇家從後面襲擊的慘痛經驗。所以，主賓一定坐在朝門的位置，可以看到門外情形的位置最好，可以立即發現危險；並且進行防衛的行動，這個位置也被視為最安全的座位。

(二)會議桌排列

小型會議常採用會議桌（boardroom）排列的方式。同樣的，會議桌排列可以看到優點是對方的臉，聽見對方的聲音。會議桌排列和空心方型排列不同的情形是會議桌排列採取的是實心桌面的排法，也比較節省場地空間。會議桌排列適合於批判性（critical thinking）思維的討論。當所有公司的董事坐在會議桌前時，大家討論出來的結果，適合董事長進行最後的決議。當參加會議的人數超過30人以上時，應該換成U型的排列，以免與會者之間彼此的視角不佳。

(三)U型排列（U shaped）

將座位排列成半圓形或馬蹄形，使所有與會者都能面對圓心的一種排法。U型排列很適合討論者之間的互動。演講者也可以走到U型之中的凹槽位置，和聽講者進行互動。這種排法，可運用於開會、晚宴，或是看一場電影。U型排法鼓勵更積極的參與，並且讓參加

者參與小組討論（group discussion）。擺設方法適合配合投影器材
進行簡報，但同樣不適合人數較多的會議。

㈣人字型排列（V shaped）

人字型排列（V shaped），是改良式教室型（classroom）排法，但
是桌子和演講者呈現傾斜的排列效果，以增加和演講者之間的口頭
和視覺的互動。

空心環形式可以防止空心方形式的尖角危險

在U型排列中，因應桌子角度的不同，一般最常見的又有垂直桌角式
凹型排列法；但是為了防止碰撞的危險，可以運用四分之一圓桌角式的U
型排列，比較安全。

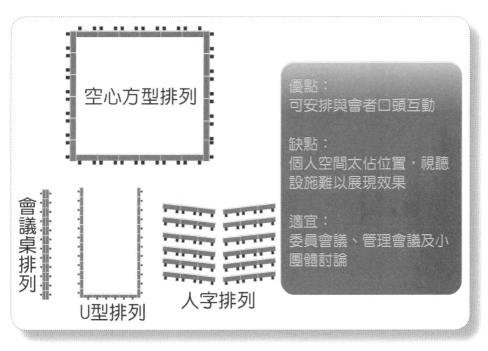

▲圖6-7 適用委員會議、管理會議及小團體討論的桌椅排列方式

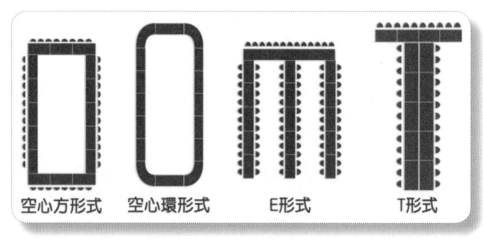

▲圖6-8　空心方、空心環、E形式、T形式

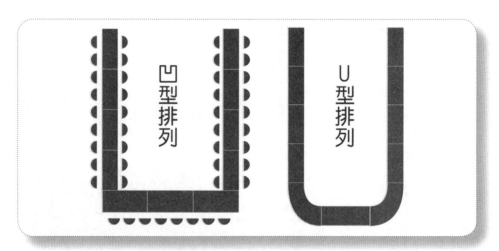

▲圖6-9　凹型排列與U型排列

五、如何擺放視聽設備？

視聽設備是會議中重要的硬體設施

▶▶▶ 視聽設備包含投影設備和音響

　　在會議中，視覺傳達和聽覺傳達都是很重要的工作。由於會議中採用的方式，是以裝設含有投影機的投影視覺方式進行，多數是由演講者先行製作好的PowerPoint，利用電腦和投影設備進行投影，並且以演講者口頭說明。以下為一座數位演講廳需要添購的設備，每一個演講廳因為演講或是表演時的作用不同，設備的增減也會有不同的差別。

表6-1　會議室的視聽設備

設　備	裝　　　　　　置	
視覺設備	☑投影機（移動式） ☑單槍液晶投影機（固定式） ☑吸頂式單槍投影機（固定式）	☑中央200吋投影屏幕 ☑120～150吋雙投螢幕 ☑白板
聽覺設備	☑音響設備 ☑喇叭 ☑有線麥克風 ☑無線麥克風	☑麥克風架（站立式） ☑麥克風架（桌上型） ☑卡拉OK設備 ☑DAT數位式錄放音機
視聽設備	☑42吋電漿電視 ☑DVD影音光碟機 ☑DVCAM錄放影機	
輔助設備	☑數位會議系統 ☑網路撥接系統 ☑多媒體視聽資訊講桌 ☑同步翻譯系統（翻譯室主機、 　紅外線接收器、耳機）	☑專業攝錄機 ☑雷射光筆指揮棒 ☑雷射光筆觸控板 ☑白板筆

Tips 會議室中的視角是什麼？

在安排會議室座位時，為了避免屏幕視覺上的死角和障礙，最好是以視角90°垂直或是以90°～45°角度安排聽講的座位。圖中是由人體視覺的角度來觀察，視覺觀察投影屏幕的效果。

1. 正視（90°～45°）：為視角90°垂直或是以90°～45°角度進行觀賞，效果較佳。

2. 斜視（45°～22°）：為視角45°或是以22°～45°角度進行觀察，效果尚可。

3. 旁視（22°～0°）：為視角22°或是以22°～0°角度進行觀察，效果不佳。

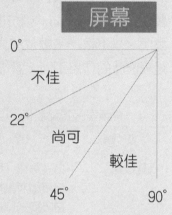

▲ 圖6-10　由人體視覺的角度來觀察，視覺觀察投影屏幕的效果

投影設備包含移動式投影和固定式投影設備

投影設備包含了移動式和固定式的投影設備。一般來說，移動式投影機適合辦理小型的演講活動，例如：產品發表會、小型學術研討會和講座等，將座位排列成半圓形或馬蹄形，使所有與會者都能面對演講者。固定式投影機安排於劇場型會場和教室型會場等綜合型會議活動。

(一)移動式投影機

移動式投影機考慮演講人、屏幕和觀眾的角度，在不妨礙視聽者的

視聽效果之下，將投影機進行
設置設計，移動式投影通常有
投射角度不佳，產生影像歪斜
變形的情形，所以需要將移動
式投影機放在中央，以避免圖
示的情形發生。

設置移動式投影機時，需要考
慮演講人、屏幕和觀眾的角
度。如果沒有考慮好的話，影
像就會歪斜。此外，如果投影
機所發射出來的光線，直接射
到到演講者眼睛的話，將會造
成演講者流淚和眩光的感覺。

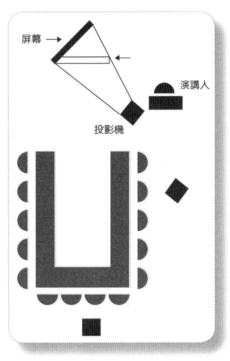

▲圖6-11　移動式投影機考慮演講
　　　　　人、屏幕和觀眾的角度

㈡固定式投影機

固定式投影機架設於天花板
上，以垂吊式方式進行正射
影像投影，比較沒有投影影像
偏斜的問題，目前國內的國際
會議廳中，大多使用前視投影
法，所以在會議進行中，經常
處於昏暗的光線，不容易看清
楚演講者的臉孔。

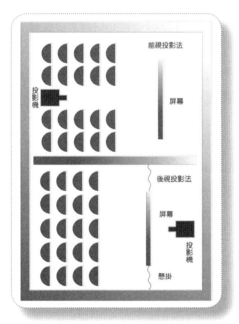

▲圖6-12　前視投影法和後視投影法

1.前視投影法

　(1)優點：屏幕不受尺寸上的限制。

　(2)缺點：需要關掉室內燈光，否則影像不明。

2.後視投影法

　(1)優點：不需要控制環境光線，畫質艷麗，形象逼真。

　(2)缺點：如果觀眾多於100人，必需在屏幕後方找到相當寬敞的

　　　空間，安裝投影機和背投屏幕。

提升會展活動實踐力講座 6

標準的會場設置方法

　　一般初學者在使用標準的會議設施時，往往會受被會議廳嚴峻的規定嚇壞了，例如說，不慎使用造成會議場地損毀，還需要照價賠償，或是不知道如何運用會場的影音設備，常常造成會場資源的浪費，其實，這些都是不必要的。

　　在一場成功的會議中，如何有效的運用會場資源非常重要。需要利用到麥克風設備、電腦設備、投影機設備、錄音設備、錄影設備、網路設備、即席翻譯設備，需要在會議前一天進行測試，並且要注意許多國際會議廳的規定中說明，

　　以上設備的租金，需要外加10%的服務費。

　　國內有許多符合標準會議室的國際會議廳可以利用，以下為會議室的標準規格，其中要符合消防規定，若是在會議中發生火警，應了解火場情況，隨時通報，立即關閉電源，將電梯降至底層後關閉使用。其次啟動機房消防滅火系統，確保消防供水、供電暢通無阻；並且劃設禁區，派員進行現場警戒，並立即疏散人員。

表6-2　國際會議廳設施設置標準

項目	設置規範	標準說明
固定座椅	兩排之間的距離	300mm以上
散放座椅	兩排之間的距離	990~1020 mm
屏幕	離地面高度	1.8 m
垂直視角	觀眾的最大垂直觀賞視角	效果較佳（90°~45°） 效果尚可（45°~22°）
水平視角	觀眾的最大水平觀賞視角	距離屏幕應在1.4~7倍屏幕寬之間。
投影高度	投影高度距離最後一排的地面	2 m以上
挑高	100~300人之會議場所	3.6 m以上
空間	每人平均佔用活動空間設置	教室型排列的大型禮堂（1.6~2.2 m^2） 走廊、接待大廳（0.5 m^2）
出口	寬度	300人的大會議室（1.2 m） 400人的大會議室（1.4 m） 500人的大會議室（1.6 m）
報到速度	25分鐘完成全員報到（以300人為例）	每分鐘完成12人報到手續

本 章 題 組

（　　）1. 下列那一種方式不是國際會議會場布置的方式？　(A) 劇場型布置　(B) 教室型布置　(C) 空心方型布置　(D)梅花型布置。

　　　題解：梅花型布置不是國際會議會場布置的方式。所以答案是(D)。

（　　）2. Banquet一般指的是：　(A) 開幕會　(B) 午餐頒獎會　(C) 接待會　(D) 晚宴。

　　　題解：Banquet一般指的是晚宴，所以答案是(D)。

(　) 3. 將座位排列成半圓形或馬蹄形，使所有與會者皆能面對圓心
的排法。此種適合小型聚會，鼓勵更積極的參與，並且讓參
加者能做筆記並參與小組討論，稱為： (A) U Shaped 　 (B)
Boardroom 　 (C) V Shaped 　 (D) Hollow Shaped。

　　題解：將座位排列成半圓形或馬蹄形，使所有與會者皆能面
　　　　　對圓心的排法。此種適合小型聚會，鼓勵更積極的參
　　　　　與，並且讓參加者能做筆記並參與小組討論，稱為：U
　　　　　Shaped，所以答案是(A)。

(　) 4. 下列何者不屬於國際會議中的同步翻譯設備？ 　 (A) 手機 　 (B)
翻譯室主機 　 (C) 紅外線接收器 　 (D) 耳機。

　　題解：手機不屬於國際會議中的同步翻譯設備，所以答案是
　　　　　(A)。

(　) 5. 若是在會議中發生火警，應如何處置？ 　 (A) 了解火場情況，隨
時通報，立即關閉電源，將電梯降至底層後關閉使用 　 (B) 啟動
機房消防滅火系統，確保消防供水、供電暢通無阻 　 (C) 劃設禁
區，派員進行現場警戒 　 (D) 以上皆是。

　　題解：若是在會議中發生火警，應了解火場情況，隨時通報，
　　　　　立即關閉電源，將電梯降至底層後關閉使用；啟動機房
　　　　　消防滅火系統，確保消防供水、供電暢通無阻；劃設禁
　　　　　區，派員進行現場警戒。所以答案是(D)。

Part 3　如何舉辦展覽？

掌握辦理展覽的基礎
　　——了解展覽SOP標準流程關鍵

第七章　什麼是展覽？

一、展覽是什麼？

二、展覽的歷史為何？

三、什麼是世界博覽會？

四、參展者的資格為何？

專題
講座　**提升會展活動實踐力講座 7**

臺灣的PEO

本章題組

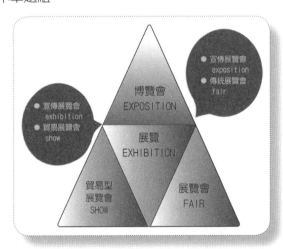

▲7.0　展覽的概念

一、展覽是什麼？

展覽不一定要現場交易

▶▶▶ 展覽是參展商將展品擺放，由買主觀看的一種行為

展覽（exhibition）這個名詞，主要指的是在某一個地點舉行，參展者（exhibitor）和參觀者藉著展示物品形成買賣交易或是資訊交換的互動行為。

在英文中，展覽的用字有exhibition、exposition、trade fair、trade show等，這些單字顯示出展覽具備了文化的多樣性來源。從大英百科全書中來看，展覽的定義是：「為了發展貿易而組織的臨時性市場，買賣雙方聚集在一起而進行交易」。這個定義有市集的味道，但是不包含現代有許多展覽，事實上只是資訊交換和解說，並不包含實際的買賣交易行為。

在中文中，展覽從字面上來看上比較沒有買賣交易的銅臭味，但是還是允許交易的。以「展」來說，有「打開」的意思。「覽」則有「觀看」的意思。所以兩個字放在一起，成為一組詞叫做「展覽」。展覽的中文解釋為：「參展廠商將商品陳列出來，以供買主觀看的一種交易活動」。

現代的「展覽」，包含了博覽會（exposition）、展覽會（exhibition）、交易會（trade mart）、展示會（show）等。這些展覽在特定時間，以特定的場所，安排商品（products）或是服務（services）的供給者，例如有參展商、主辦單位、表演者、贊助者、工程承包商、物流供應商、物業管理商、展覽場業主等，這些供給者共同依據契約及買賣交易，提供給參觀者觀賞展覽的場所。

其中在展覽中，因為許多展出屬於臨時性租借場地和展品的性質，因此需要訂定契約，並且進行展出事項的規範。因此，包含有合約、參展商守則、罰則等法律事項，以及場租、攤位租金、及罰金等買賣及契約要求的事項。

Tips

展覽一定要交易嗎？

　　展覽一定要交易嗎？因為談到交易，真是尷尬，會想到銅臭味。但是，參展者只是安排展售商品，不一是銷售員，所以大家不一定要用異樣的眼光來看待一場盛大的展覽。現在有許多常態性的展覽，例如：美術館的美術展、書法展；科學館的科學展、工藝展等展出活動，這些有別於商業展覽的活動，在國外列為museum的展示活動，通常不予列入一般展覽、博覽會的行列。我們以德語來看，更能夠看出其中的差異。其中的藝術（kunst）、畫廊（galerie）、博物館（museum）等單字屬於有別於商業的靜態性展示活動；展覽（ausstellung，即是法文的exposition）、展覽會（messe）、活動（event）等語彙，則以用商業銷售展示的方式來進行。

二、展覽的歷史為何？

展覽的歷史充滿商業和宗教的意味

▶▶▶ 世界上最早的展覽會源起於萊比錫

　　人類最初對於展覽的概念，源自於原始社會的祭典，後來發展成為商品陳列，並且進行日用品和宗教用品的銷售。在英文中，Fair（展示）這個單字，最接近中文中「市集」和「廟會」的意思。在西方，市集最早可以追溯到古埃及。在古埃及時代，人們藉由豐收、宗教、節慶活動舉行交易，後來逐漸演變成定期以物品來進行交換的集會活動。到了中古歐洲，市集活動固定在教堂旁舉行，形成居民生活的一部分。在德語中，Messe（展覽會）也有宗教彌撒（Messe）的意思，意思是宗教性質的聚會。到

世界各國因為對於展覽的字源不同，其表達的單字有所差異

在美國、加拿大等國家，show取代了exhibition，成為展覽的代名詞。

Exposition起源於法國，是法文的展覽會，現在又是博覽會的代名詞。

▲圖7-1　歐美各國對於展覽這個字詞擁有不同單字的來源

Tips

展覽的英文有一定的差異嗎？

1. 展覽exhibition（＝exhibit）

　art exhibition（藝術展）

　book exhibition（書展）

　calligraphy exhibition（書法展）

　extraordinary exhibition（非凡的展覽）

2. 博覽會exposition（＝expo）

　education & careers expo（教育及職業博覽會）

food expo（美食博覽會）

Taipei Flora Expo（臺北花卉博覽會）

wedding expo（婚禮博覽會）

World Expo（世界博覽會）

3. 展覽 fair

luxury travel fair（豪華旅遊展）

Frankfurt Book Fair（法蘭克福書展）

Stockholm Furniture Fair（斯德哥爾摩傢俱展）

World's Fair（世界博覽會）

4. 展示會 show

car show（車展）

cycle show（自行車展覽會）

fashion show（時裝秀）

flower show（花展）

Halloween costume show（萬聖節服裝秀）

travel show（旅展）

show girl（展場女郎）

了11至12世紀時，歐洲商人定期或不定期在人口密集、商業發達的地區，舉行市集活動，為各地商旅提供良好的貿易交換場所。因為最初這個地區屬於香檳伯爵領地，所以又稱為「香檳交易展」（Champagne Fairs）。隨著11世紀開始，城市不斷地擴展，歐洲也產生了商會組織。後來，歐洲各國已經舉辦過許多工業展。例如，1798年在巴黎馬爾斯廣場舉辦世界第一個工業展覽會。

　　在中國古代，「市集」可以追溯到周朝，甚至更為遙遠的原始社會。「市」是商業中心的概念，也就是商品交易的場所。《周禮・考工記》上記載，匠人營國需要方九里，還要講究「左祖右社、面朝後市」。這裡所

謂國都城市爲正方形，長寬九里，左邊設祖廟，右邊爲社稷壇，前面是朝廷辦公的宮廷，後方則是交易的「集市」，這個集市也是最早展示攤位的雛形。其中，「市」又稱爲「市井」，因爲古代先民設市在水井的旁邊，便於洗滌和交換物品，後來形成市、集、墟、場、廟會等不同的市場名稱，在中國北部，一般稱爲「集」，在南部稱作「墟」，在西部稱爲「場」。「廟會」也是在中國古代展示活動的一種形式，起源於唐朝。廟會活動至今還包括了燈會、燈市、花會等傳統慶典。

到了現代，集市、廟會形式的活動演變成爲展覽會（exhibition），甚至規模越辦越大，形成博覽會（fair）的型態。在英文中是在集市和廟會基礎上發展起來的現代展覽形式，也是被最廣泛使用的展覽名稱，通常作爲各種形式的展覽會的總稱。然而，在法國，博覽會稱爲exposition，由於這種展覽會的性質不進行交易活動，主要單純是爲了展覽，所以博覽會也有了宣傳的意涵。

三、什麼是世界博覽會？

世界博覽會又稱為萬國博覽會

▶▶▶ 最早的世界博覽會緣起於英國倫敦

世界博覽會（Universal Exposition，簡稱爲World Expo），又稱爲萬國博覽會。最早的世界博覽會在公元1851年的英國倫敦舉辦。當時爲了要展現英國工業化的發展成果，由英國維多利亞女王的夫婿阿爾伯特親王親自召集舉辦的國際級展覽會。在展出的10萬件展品之中，其中以工業革命時發明的蒸汽機等機械最受矚目。英國政府在倫敦的海德公園內建造了一座像是溫室的玻璃建築水晶宮（The Crystal Palace），成爲世界博覽會的主要展示場館，後來水晶宮成爲世界博覽會的標誌，成爲現代建築的里程碑。

▲圖7-2 從古代到現代展覽的歷史演變圖

Tips

什麼是世界上最早的展覽？

　　全世界被公認為最早的常態性展覽活動，緣起於公元1165年的萊比錫（Leipzig）。當時萊比錫建立了一座市場，每年都要辦理春、秋二次商業性的集會。在現場中以現金進行交易，這也是世界史上記載最早的市集。後來在1268年神聖羅馬帝國頒發特許狀，使萊比錫的集市更加規範化，成為博覽會最早的雛形。到了現代，萊比錫展覽會（Leipziger Messe），又稱為Leipzig Trade Fair。在德國，展覽館稱為Messe，是由拉丁文Missa演變而來，有彌撒（感恩祭）的意思。

展覽的來源非常悠久

> **古代中國**
> 市集活動：在城市水井附近及宮廷後方舉行。
>
> 廟會活動：在廟宇前舉行。

> **中古歐洲**
> 市集活動：固定在教堂旁舉行。
>
> **近代歐洲**
> 城市拓展：產生了商會組織。

▲圖7-3　古代展覽的特點

Tips

臺灣最早的展覽館

　　臺灣最早的展覽館，緣自於日據時代的臺北商品陳列館，位於現在的南海路南海學園，也就是現在的國立歷史博物館原址。日本殖民政府在公元1899年興建的時候，原來是臺灣勸業共進會招待外賓的迎賓館，後來成為了總督府民政部殖產局的商品陳列館。到了1916年日本殖民政府舉辦臺灣勸業共進會的大型展覽會，其中之一的展館，就是在現在的南海學園。當時臺北商品陳列館成立的目的，是殖民政府用來推動臺灣農特產

品展售活動，並且宣揚其對臺灣殖民的建設成果，促進產業發展而辦理。

　　早期辦理的世界博覽會，以大眾化的綜合展覽為主題。到了現代，隨著科技的進步和環境意識的覺醒，世博會的主題也開始朝向環保、和平、建設未來的議題而邁進。世界博覽會至今已經擁有165年的歷史，目前官方負責協調管理世界博覽會的國際組織是國際展覽局（International Exhibitions Bureau；法文為Bureau International des Expositions，簡稱為BIE）。國際展覽局成立於1928年，總部設在法國的巴黎。依據國際展覽公約，通過協調各國舉辦世界博覽會，以促進世界經濟、文化和科學技術的交流與發展。截至2016年為止，全世界共有168個成員國。

　　要申請世界博覽會的國家，在預計開幕前9年就可以開始向國際展覽局申請，遞交申請書，提出舉辦時間和具體辦理活動內容。接著在157個成員國大會中，以投票表決核准辦理。當主辦國申請辦理成功之後，由該主辦國統一籌設規劃，並邀請其他的國家共同參與。

Tips

世界花卉博覽會和世界博覽會有什麼差別？

　　世界花卉博覽會簡稱「花博」，與世界博覽會「世博」不同，是由國際園藝生產者協會（International Association of Horticultural Producers, AIPH）主辦的國際型活動，和世界博覽會的主辦單位國際展覽局不同。國際園藝生產者協會成立於1948年，是由各國園藝生產組織成立的國際型組織，有25個國家，33個會員組織加入。目前，臺灣區花卉發展協會也在2003年間成為會員。國際園藝生產者協會在推動花卉育種、環保及國際花卉博覽會不遺餘力，臺北2010年花卉博覽會藉由AIPH認證舉辦，已經擴大國際花卉及旅遊活動交流，提升了臺北國際觀光發展的地位。

世界博覽會近年來以環保為議題

世界博覽會具備時代感，具備展覽主題、目的、會徽、吉祥物、主題曲、志工、形象大使、廣告贊助商等。

表7-1　近40年來世界博覽會的主題和特色

時間	舉辦國城市	名稱	主題	性質	參加人數
1970	日本／大阪	日本萬國博覽會	人類的進步與和諧	綜合	6422萬人
1974	美國／斯波坎	世界博覽會	慶祝明日的清新環境	專業	480萬人
1984	美國／紐奧良	路易斯安那世界博覽	河流的世界，水乃生命的源頭	專業	734萬人
1985	日本／筑波	筑波世界博覽會	居住與環境，人類居住科技	專業	2033萬人
1988	澳洲／布里斯本	布里斯本世界博覽會	科技時代的休閒生活	專業	1857萬人
1992	義大利／熱那亞	熱那亞世界博覽會	哥倫布，船舶與海洋	專業	800萬人
1992	西班牙／塞維亞	塞維亞世界博覽會	發現的時代	綜合	4100萬人
1993	韓國／大田	大田世界博覽會	挑戰新的發展之路	專業	1400萬人
1998	葡萄牙／里斯本	里斯本博覽會	海洋，未來的資產	專業	1000萬人
2000	德國／漢諾威	漢諾威世界博覽會	人類、自然、科技	綜合	1800萬人
2005	日本／愛知	愛知國際博覽會	自然的睿智	綜合	2200萬人

時間	舉辦國城市	名稱	主題	性質	參加人數
2010	中國／上海	上海世界博覽會	城市，讓生活更美好	綜合	7308萬人
2012	韓國／麗水	麗水世界博覽會	有生命的大海，會呼吸的海岸	綜合	820萬人
2015	義大利／米蘭	米蘭世界博覽會	滋養地球，生命的能源	綜合	2220萬人
2017	哈薩克／阿斯塔那	阿斯塔那世界博覽會	未來能源	綜合	386萬人

四、參展者的資格為何？

參展者可以是國家、團體，也可以是個人

▶▶▶ 參展者（Exhibitor）和主辦單位（Organizer）的互動很重要

　　在國際間有許多不同的展覽活動，有些展覽活動規模很大，例如2010年上海世界博覽會、2010年臺北國際花卉博覽會。也有些展覽是區域型的展覽，例如各大型場館舉辦的工商展覽活動，提供專業買家參觀的專業展。例如，德國紐倫堡的玩具展、義大利米蘭的國際服裝展等。當然，也有地方型的小型展覽活動。一般來說，國際級的活動展出時間長、花費高，需要動員的層級也高，在參展者（exhibitor）的資格來說，通常需要以各國中央政府的層級來推動。

　　例如，以上海世界博覽會來說，所有的參展者都是各國政府委託的參展廠商，進行現場的布建工程，以代表國家的整體實力。以上述大型的國際性展覽為例，需要經過長期規劃，包括展覽地點和場所的擇定、報名、繳費、展品的擇定、工作人員的挑選、訓練，以及展品的運輸和保險等。等到真正到了籌備時間，需要經過長達一年甚至三年以上的漫長時間來進

行準備。

　　當然，也也許多參展者是以「參展廠商」的名義進行報名，依照公司的整體行銷策略，規劃適合的展覽活動，並且積極參與。在參加過程中，與「主辦單位」（organizer）及「參觀者」（visitor）進行良性的互動，並且在「協辦單位」的協助之下，完成參展的過程，以達到參展的實際效果。

　　廠商參展的主要效果，可以參與活動和獲得機會，建立網絡關係，有利於獲得新的商業知識，並且以展出產品達成實際的交易目的。因此，參展者可能是政府、團體、產業界，以及個人。參展者除了以公司行號的名義進行參展之外，也有以公會團體或法人機構的名義組團參展。

臺灣是哪一個組織代表政府召集展覽？

　　1970年經濟部和民間組織共同設立了「中華民國對外貿易發展協會」（Taiwan External Trade Development Council, TAITRA），簡稱為外貿協會，前行政院院長孫運璿先生為首任董事長。TAITRA成為臺灣第一個以半官方的組織的性質，進行策展活動的單位。過去外貿協會所舉辦的國際性展覽，主要都是外銷展。例如，1974年外貿協會在臺北圓山大飯店辦理現代臺灣第一個國際專業展「臺灣外銷成衣推廣展覽會」。後來，在臺北松山機場成立外貿協會展覽館，並陸續由政府與民間合資，興建新的展覽館，包括現在的展覽大樓、國際貿易大樓、國際會議中心，以及君悅飯店，稱為臺北世界貿易中心。外貿協會的任務，除了辦理臺北國際展覽業務、營運臺北世貿中心展覽大樓、南港展覽館、營運臺北國際會議中心之外，更以開拓海外貿易市場、招商引資行銷臺灣、推廣服務業貿易、供應國際貿易資訊、培訓國際企業人才，以及提供網路行銷服務等項目。

參展者需要考慮財力選擇適合的展覽

參展者可以考慮最近的展場：

目前亞洲展覽館和會議中心，以香港亞洲國際博覽館（AsiaWorld-Expo）、臺北世界貿易中心（Taipei World Trade Center）、臺北世貿南港館（Taipei World Trade Center Nangang Exhibition Hall）、上海國際會議中心（Shanghai International Convention Center）較為知名。

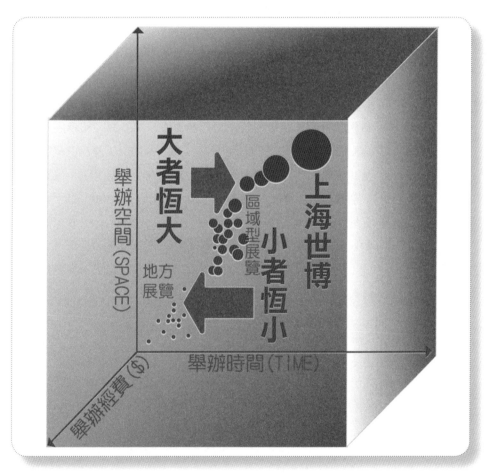

▲圖7-4　展覽空間與時間序列圖

參展者需要考慮展覽的舉辦經費、空間及舉辦時間。城市競爭造成大展排擠小展，形成了大者恆大，小者恆小的趨勢。

Tips

參展者為什麼要透過PEO辦理展覽？

近年來，主辦單位舉辦展覽的類別，可以分為專業展、消費展及綜合展；以地域來說，區分為國際展、國家展、區域展覽，以及地方展覽。一場成功的展覽，是公司行號展示最新商品的一種方式。藉著在展覽場地的專業擺設，可以讓買賣雙方得以面對面（Face to Face, F2F）地溝通，來了解最新商品的功能。在此，專業展覽籌辦單位（PEO）扮演了很重要的角色的業務。一般來說，在預先購買的階段，由於顧客和參展者進行面對面（F2F）了解及試用產品，可以當場保證產品的品質。在臺灣，專業展和消費展的比例約為3：1。也就是說，臺灣展覽業務偏重在企業對企業（business-to-business, B2B）進行專業的交易，而不是以企業對顧客（business-to-consumer, B2C）進行傳統的顧客交易。因此，PEO需要依據參展者的需求，了解展覽地點的文化、展場環境，以及主辦單位的規定，統籌規劃設計參展者所需要的展場攤位。

▲圖7-5　展覽的歷史充滿了早期市集的概念，圖為新北市三峽老街（方偉達／攝）。

▲圖7-6　戶外展覽場墟和交通節點需要互相結合，圖為新北市十分火車站（方偉達／攝）。

▲圖7-7　高樓林立的香港是亞洲舉辦展覽的良好地點，圖為在太平山眺望的香港夜景（方偉達／攝）。

▲圖7-8　香港亞洲國際博覽館（AsiaWorld-Expo）位於香港赤鱲角國際機場的北邊，離機場很近（方偉達／攝）。

▲圖7-9 香港亞洲國際博覽館（AsiaWorld-Expo）入口大廳一樓（方偉達／攝）。

▲圖7-10 香港亞洲國際博覽館（AsiaWorld-Expo）入口大廳二樓（方偉達／攝）。

▲圖7-11　臺北花卉博覽會吉祥物（方偉達／攝）。

▲圖7-12　臺北花卉博覽會新生公園（方偉達／攝）。

▲圖7-13　上海浦東新區經常舉辦全球性會展活動（方偉達／攝）。

▲圖7-14　位於上海黃浦江畔浦東新區的上海國際會議中心為多功能的會展
　　　　　設施（方偉達／攝）。

▲圖7-15　上海世界博覽會臺灣館外觀（方偉達／攝）。根據奧美公司估計，新聞廣告價值達新臺幣15.9億元。

▲圖7-16　上海世界博覽會臺灣館大型主題天燈祈福活動（方偉達／攝）。

提升會展活動實踐力講座 7

臺灣的PEO

　　什麼是PEO呢？PEO的全名是專業展覽籌辦單位（Professional Exhibition Organizers, PEO），簡稱為「展覽顧問公司」。有時候PEO不一定是以公司的形態成立，有時候會以非政府組織（NGO），或是社團法人、財團法人的形態出現。

　　在臺灣的PEO中，可以區分為展覽公司、公會、協會（簡稱為公協會），以及政府部門三大類。例如，隸屬於經濟部管轄的中華民國對外貿易發展協會，就是全世界非常有名的PEO。外貿協會每年舉辦20多場臺北國際專業展覽，以推動臺灣會展產業的發展而聞名。

　　在PEO產業方面，包含了公關、旅館、旅行業、展覽及會議場地管理者、口譯員、設計裝潢廣告、展覽物流等周邊業者。PEO的業務，則以辦理展覽為主，尤其臺灣因為經濟規模的因素，多數的PEO在辦理展覽業務時，多以承辦微型展覽為主。所以，有許多PEO屬於觀光產業，而不是會展產業的業者。

　　我們知道，因為2008世界金融海嘯，導致許多展覽活動業務萎縮，目前的PEO需要精通「十八般武藝」，除了要辦理既有的會展業務之外，也要積極爭取獎勵旅遊的觀光市場。在推廣業務方面，除了專業策展的本業之外，還需要多拉廣告，以讓委託業主有多一些的曝光機會，例如積極尋找可以共同招攬業務的電視、媒體、報紙、專業雜誌，尋求更好的產業聯盟合作方式，搭配出國旅遊服務的項目，並且還要找到國際展覽的設攤機會等。

　　整體來說，會展產業除了必需擁有優良的展館之外，人才和軟體設施也是非常重要的。臺灣在展覽活動表現得相當不錯，近年來以資訊科技產業、自行車等展覽活動見長。但是，近幾年隨著臺灣產業外移大

陸，在北京、上海及廣州都辦理過類似的國際的交易會，形成了臺灣傳統展覽產業的競爭壓力，值得臺灣的PEO多加留意。

Tips

政府應該如何消弭PEO在策展時的政策阻礙？

1. 開放海峽兩岸主要城市直航，例如與松山機場的直航。
2. 簡化大陸人士來臺展覽的申請事項，持續檢討解決大陸人士申請來臺流程簡化。
3. 推動鬆綁來臺參加國際活動人士的落地簽證國家名單，積極解決外籍人士申請流程簡化、放寬限制，以及彈性入境等問題。
4. 鼓勵公協會、地方政府等單位合作爭取國際會議來臺舉辦。
5. 積極培育大學校院會展人才及建立相關人才認證機制，並建立「會展產業職能指標」。

本章題組

（　　）1. 隸屬於經濟部的中華民國對外貿易發展協會在會展產業的屬性上被歸類為：　(A) DMC　(B) CVB　(C) Exhibitor　(D) PEO。

題解：隸屬於經濟部的中華民國對外貿易發展協會在會展產業的屬性上被歸類為 PEO，所以答案是 (D)。

（　　）2. 下列何者為PEO？　(A) 企管顧問公司　(B) 會議顧問公司　(C) 展覽顧問公司　(D) 公關顧問公司。

題解：展覽顧問公司屬於Professional Exhibition Organizers，簡稱為PEO。所以本題的答案是 (C)。

（　　）3. 臺北國際會議中心屬於下列何者專業服務機構的範圍？　(A) PCO　(B) PEO　(C) DMC　(D) 會展核心產業的業者。

題解：臺北國際會議中心隸屬於中華民國對外貿易發展協

會，但是不是PEO（Professional Exhibition Organizers，專業展覽籌辦單位）、PCO（Professional Conference/Congress Organizer，專業會議籌辦單位），同時也不是DMC（Destination Management Company，目的地管理公司），但是是會展核心產業的業者，所以答案是(D)。

（　　）4. 大型會展公司衍生的業別，何者有誤？　(A) PCO　(B) PEO　(C) DMC　(D) CVB。

　　題解：大型會展公司衍生的業別，包括了PCO、PEO，以及DMC，但是不包括CVB（Convention and Visitors Bureau，會議及旅遊局），所以答案是(D)。

（　　）5. 2010年上海舉辦世界博覽會及臺北舉辦國際花卉博覽會，依專業性屬於下列那一項展出？　(A) 博覽會　(B) 專業展　(C) 綜合展　(D) 以上皆非。

　　題解：2010年上海舉辦世界博覽會及臺北舉辦國際花卉博覽會，屬於博覽會，所以答案是(A)。

樂活兒時間

（樂活兒説一個笑話）

樂活兒：把拔，我們老師問我們什麼是「展覽」？

展先生：那什麼是「展覽」呢？

樂活兒：全班只有小明知道。

展先生：為什麼只有小明知道呢？

樂活兒：因為小明當場伸了一個大懶腰，説這就是
　　　　「展懶」！

展先生：好冷的冷笑話。

第八章　展覽如何籌備？

一、如何向國際申請出國展覽？

二、如何向國內展覽中心申請展覽？

三、展覽活動的組織型態為何？

四、展覽籌備的流程圖為何？

五、展覽會應如何計價？

 專題講座 **提升會展活動實踐力講座 8**

如何承包展覽案子？

本章題組

一、如何向國際申請出國展覽？

向國際展館申請展覽，先要取得邀請函

▶▶▶ 申請國際展覽是參展商將展品運到國際展示的一種行為

　　第一次申請向國際組織辦理展覽活動，有一種「出國比賽」的感覺，但是因為對於國外的展覽運作方式的不熟悉，需要了解如何申請國外的展覽活動。首先，著名的國際性專業博覽會，通常需要提前6～8個月開始報名，如果太晚提出申請，則可能申請不到攤位。一般國際展覽，需要在3個月前進行報名。目前因為網路的發達，很多報名表格都可以在網路上下載，並且以網路進行報名。在報名之後，支付參展定金（exhibitor's deposit），不要忘記再三確認是否報名成功。在展覽前二個月，參展者將展品運送到國外的展覽地點，並且辦理出國護照及簽證，向主辦單位結清全部的參展費用。

　　一般來說，有許多大型的展覽活動，都可以跟團出行，例如說外貿協會常常率團到世界各國辦理展覽，可以和其他參展商共同填寫參展申請表（契約書），填寫申請表之後，列印出來，並且加蓋公司大小章，傳真到外貿協會委託的PEO，協助報名。

　　通常在報名費中，包含場地租金。需要取得場地租金的發票或是收據（invoice），以及匯（繳）款的水單影本、領取補助款的發票或收據，以向經濟部國際貿易局申請場地租金的補助。

　　在向國際組織申請展覽時，需要注意對於智慧財產權的尊重，例如以申請在德國展覽為例，經常有展品在海關被扣押，其中以德國法蘭克福機場和法蘭克福展覽館、漢堡的港口居多。被扣押貨物的種類很多，包括服裝、箱子、手錶、珠寶、電子產品、軟體光碟和玩具等。因此，在參展階段，需要備妥商標專利證書、版權證明文件，以避免因為海關扣押，導致展覽商品無法準時運到展館的糗事發生。目前亞洲各國經常被扣押的國家

包含了泰國、土耳其等國家。

Tips

經濟部國際貿易局補助參加國際展覽的國家有那些？

　　經濟部國際貿易局針對參加國外的國際展覽活動，進行場地租金、場地佈置費、文宣廣告費、印刷費、展覽運費及口譯費的補助。2018年補助參展地區包括：

　1.第一順位：中國大陸、越南、印尼、印度、美國、菲律賓、馬來西亞、印度、泰國、德國。

　2.第二順位：新南向國家。

　3.邦交國。

表8-1　全球展覽場地統計表（2010年）

	展覽場地數量	展場面積（百萬平方公尺）
北美洲	370	7.7
歐洲	477	16.2
亞洲	143	4.6
大洋洲	17	0.3
中東	33	0.9
非洲	24	0.6
中南美洲	40	0.9

國際展覽如果展品被海關扣押，那就糗大了！

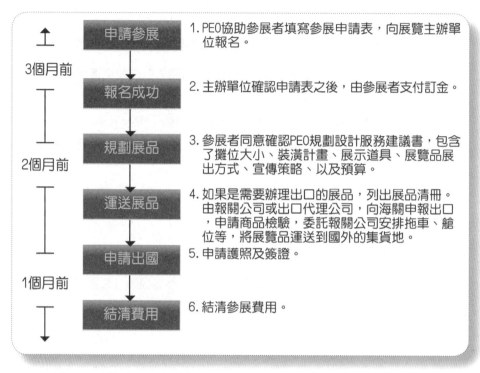

3個月前	申請參展	1.PEO協助參展者填寫參展申請表，向展覽主辦單位報名。
	報名成功	2.主辦單位確認申請表之後，由參展者支付訂金。
2個月前	規劃展品	3.參展者同意確認PEO規劃設計服務建議書，包含了攤位大小、裝潢計畫、展示道具、展覽品展出方式、宣傳策略、以及預算。
	運送展品	4.如果是需要辦理出口的展品，列出展品清冊。由報關公司或出口代理公司，向海關申報出口，申請商品檢驗，委託報關公司安排拖車、艙位等，將展覽品運送到國外的集貨地。
	申請出國	5.申請護照及簽證。
1個月前	結清費用	6.結清參展費用。

▲圖8-1 申請出國參展流程

Tips

申請出國需要辦理那些手續？

　　參展者需要向主辦單位索取邀請函，內容包括：姓名（與護照上一致）、性別、出生年月日、出生地、所在的公司／地址／聯絡電話／傳真／電子信箱、擔任的職務、需要停留在展出國的時間，持護照和財務證明，向主辦國的大使館或是駐臺辦事處申請入境簽證。目前承認臺灣護照的國家已經超過了119國給予臺灣免簽證的禮遇，所以有的國家申請簽證的手續就可以免了。

全球展場面積總計為3,120萬平方公尺，全球展覽市場規模為290億美元。

二、如何向國內展覽中心申請展覽？

向國內展館申請展覽，先要取得確認函

▶▶▶ 申請國內展覽是參展商將展品在國內展示的一種行為

在臺灣，展覽活動之多，已經成為過江之鯽。但是許多主辦單位或是參展者，多辦委託PEO進行規劃。PEO囊括了主辦單位的策展、招展，同時也接受企業的委託，從事展區的規劃、設計、裝潢、撤展等工作。

但是，PEO不能越俎代庖，喧賓奪主，將所有的展覽大小事都攬在身上。因為，一個成功展覽的PEO，可以是主辦單位及參展者的代理人（agent），主辦單位及參展者是PEO的客戶（client），遇到展館發生重大事件，主辦單位（organizer）還是需要負全部責任，而不是遇事則推到PEO和參展者的身上。

一般來說，主辦單位決定展覽大事，例如每年需要舉辦展覽的次數，通常這是依照市場的供給和需求來決定；而PEO則擔負起展覽期間的細節規劃事項，在3～5天的展期中，如何規劃攤位，以吸引更多的參觀者前來參觀。

在國內辦理展覽，例如說國際性專業展，具有明確的展覽主題和主要買家（host buyer）市場，不要求買家購票入場。這種專業展，可以反映產業景氣狀況。但是消費展是針對一般參觀者而舉辦，需要買票進場觀賞。這些消費展包含了旅展、書展、農特展、婚紗展、傢俱展等，面對的是國內的消費者，並不能吸引國外的專業買家。近年來，臺灣的傳統展覽已經大不如前，例如外貿協會過去舉辦名聞遐邇的外銷展，像是鞋業、文具、禮品展、玩具等展出活動，因為臺商到中國大陸設廠，加上在臺廠商展出

意願大不如前，這些國際性專業展已經被香港和廣州所取代。

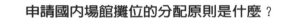

Tips

申請國內場館攤位的分配原則是什麼？

參展者和PEO有時候精心規劃的展示攤位，由於展覽動線規劃不佳的關係，往往攤位被分配到偏僻的地方，吸引不到參觀的人潮，同時也失去了展覽的效果。因此，主辦單位通常會制定參展攤位位置分配原則。

1. 由參展攤位數目較多者，先行選擇。
2. 攤位數相同者，以報名表郵戳時間較早者，先行選擇。
3. 攤位數相同，郵戳時間也相同者，則在協調會現場以抽籤決定先後順序。
4. 攤位一旦選定之後，參展者不得用任何理由向大會要求更換攤位；但是如果參展者彼此同意互換攤位，則不在此限。
5. 沒有出席協調會的廠商，由主辦單位全權代表選擇攤位，參展商不得有異議。
6. 協調會有權視展場容納的狀況，酌減報名的攤位需求數，或是縮小每一攤位的面積；並且視報名狀況，決定展區的場地。
7. 未參加協調會的參展者，主辦單位在會後會通知攤位號碼。

表8-2　臺灣主要展覽場地一覽表

展覽中心	展場面積（m²）	攤位數	展出類型	使用頻率
臺北世界貿易中心	總樓層159,329			
	1F展場23,450	1,300	專業展	84%
	2F展場4,789	250	專業展	60%
	展覽三館7,481	365	專業展	50%
臺北世貿南港展覽館	46,175	2,628	專業展	82%

展覽中心	展場面積（m²）	攤位數	展出類型	使用頻率
高雄展覽館	南館9,100	520	專業展	—
	北館8,800	504	專業展	—
新北市工商展覽中心	4,235	238	消費展	60%
臺中世界貿易中心	4,851	250	消費展	65%
臺南世界貿易展覽中心	11,950	560	消費展	—
高雄凱旋世貿展覽中心	129,561	6,665	專業展	—
高雄工商展覽中心（高雄國際會議中心）	7,716	310	消費展	37%

參展者要確認展覽品的智慧財產權沒有問題

▲圖8-2 申請國內參展流程

▲圖8-3　臺北101大樓是臺北世界貿易中心（Taipei World Trade Center）旁最高的地標（方偉達／攝）。

▲圖8-4　臺北世界貿易中心（Taipei World Trade Center）世貿展覽館的農產品展售會（方偉達／攝）。

▲圖8-5　臺北世貿南港展覽館（Taipei World Trade Center Nangang Exhibition Hall）造型現代（方偉達／攝）。

▲圖8-6　臺北世貿南港展覽館（Taipei World Trade Center Nangang Exhibition Hall）以主辦專業展為主的大型展覽活動（方偉達／攝）。

三、展覽活動的組織型態為何？

展覽籌備組織，可以分為兩種不同型態的組織

▶▶▶ 以公司型態經營會展產業應運而生

　　以我國的展覽籌備組織來說，主辦單位（organizer）是展覽的催生者，負責展覽的整體規劃。在國外的大型會展公司，除了PEO的協助以外，還有目的地管理公司（DMC）的協助，其業務涵括了旅館設施、會議中心、展覽中心、零售商店、旅客資訊服務中心、娛樂藝文活動、餐飲業、交通網，以及旅遊景點等產業的組合，形成龐大的會展產業體，並且具備下列的組織結構：

㈠以部門為基礎的會展組織結構（divisional structures）

　　依據總經理執掌範圍內，區分為會計部門、工程部門、客房部門、安全部門、餐飲部門、行銷及銷售部門等。其中，會展產業所需的的工程師、技工、管理員、服務人員也進行納編，形成龐大的旅館設施、會議設施、展覽中心、旅客資訊服務中心，以及餐飲業綜合管理結構。這項組織適用於國外大型會展產業，將旅館、餐飲納入到會展設施之中。

㈡以服務產品為基礎的會展組織結構（product structures）

　　依據總經理的執掌範圍內，將會展銷售部門、作業部門、活動部門，以及秘書部門分門別類，並規劃為行銷及銷售（marketing & sales），以及活動（event）等兩大部門。以服務產品為基礎的組織結構，以協調展覽規劃和行銷為主要業務。

國內外展覽活動的組織型態

在臺灣，許多公協會形成展覽活動的主辦單位，甚至化身為PEO。但是公協會並不是以專業者的角度，進行大型展覽的規劃。這些公會或是協會，採取以批發方式向個別會員招攬展覽業務，用較低的成本租賃攤位，並且壟斷整批的攤位，以取得優先選擇權，形成會展產業的寡頭勢力。簡單來說，個別會員可以透過公協會報名，得到政府的補助，還可以得到較好位置的攤位選擇權，並且向展覽籌備組織取得較好的福利。但是，一般民間的策展公司（PEO），則無法和這些公協會進行公平的競爭，並且難以取得較好的攤位折扣。

在臺灣，攤位銷售的遊戲規則包括了先來先選、指派、抽籤，以及預先銷售等四種，一般獨立參展者，必需支付展場租金、攤位隔間費、攤位裝潢、保全、宣傳資料、證件、標誌印刷費、清潔費、茶點、酒會，而且都必需自行處理工作人員交通和食宿的問題。但是參加國外的展覽，展覽籌備組織會找有經驗的PEO或是DMC代為處理交通、住宿和旅遊問題，以解決代訂旅館、機場接送和相關的旅程安排事宜。

四、展覽籌備的流程圖為何？

展覽籌備的流程，包含參展申請到撤展

▶▶▶　所有展覽籌備的流程就是不斷的溝通協調

當PEO接受參展者的委託之後，需要規劃整個展覽籌備的流程。這個從參展申請到撤展的過程，在臺灣稱為「案子」（case），在中國大陸稱為「項目」。在展覽籌備期間，包含了整體的計畫和設計，其中含括了展出時間、展出地點、展出內容、人員配置、2D平面圖、3D立體圖、預算、細部設計施工藍圖、峻工圖等內容，都需要以簽訂合約的方式進行。

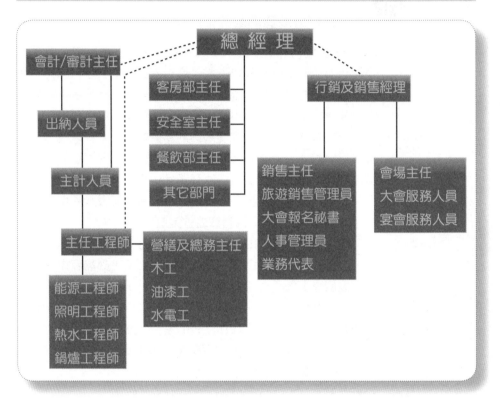

▲圖8-7　以部門為基礎的會展組織結構

在參展者稱為甲方，PEO或是DMC稱為乙方所組成的商業合作團隊成形之後，甲乙雙方必需不斷地進行溝通和協調，在細部設計施工藍圖確定之後，參展者委託承建商進行搭建工程，這時參展者稱為甲方，承建商稱為乙方，則PEO稱為監工單位，協助最後的布建完工驗收，並且協助展覽品的驗收工作，當驗收合格之後，才能進行封裝進場與展出。

在展出期間，PEO及DMC必需在展出會場現場維護現場展出的裝置和道具保持堪用狀態，有損壞隨時請技工修復。

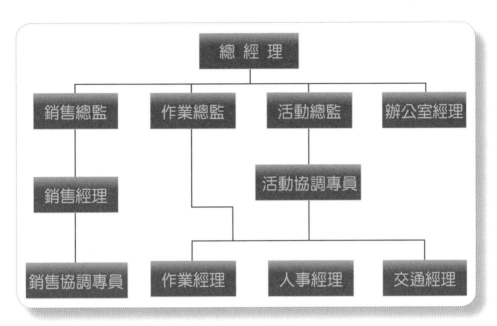

▲圖8-8　以服務產品為基礎的會展組織結構

Tips

什麼是DMC呢？

　　DMC是「目的地管理公司」（Destination Management Company），屬於舉辦國當地的公司。會展業務範圍包括了策劃組織安排國內外會議、展覽、獎勵旅遊、策劃組織國內外專業學術論壇、高峰會及培訓等活動。提供服務包括了會議或活動場地、電腦網路、投影視訊、會場設計及裝潢、舞臺布置、音響工程、燈光特效、同步翻譯等視聽設備、公關行銷、活動企劃、廣告媒體、平面設計及印刷、觀光旅遊、旅行社、周邊娛樂設施、餐飲及住宿、禮品贈品公司、保險、交通運輸等活動，並且協助克服語言障礙，提供免稅的供應商商品服務等項目。

在撤展期間，需要拆卸所有的展覽裝置和道具。

一般來說，在展覽前3個月左右，主辦單位會寄「參展手冊」（Service Manual或是Exhibitors' Manual）、參展證和國內外客戶邀請函給參展者。「參展手冊」記載著展覽所有的規定，以及參展者和主辦單位相互之間的權利義務等。PEO和DMC需要儘量早一點取得參展手冊（Exhibitor's Manual）。參展手冊涉及到了展館設計的技術和規格等要求，例如包括了攤位結構、攤位材質、色彩、設計重點、照明需知、展板數量、攤位高度等內容。

Tips

展覽前一刻，需要確認展出的物件是否齊備？

在展出過程中，必需確認展品、目錄、贈品、禮物是否準備好了。以展出所用的樣品、產品目錄（CD或紙本）、宣傳DM商品（direct mail merchandise, DM）。DM商品是為了提升企業產品的知名度，吸引參觀人潮，提高展出的營業額，所提供的低於平時價格或是免費供應的大批促銷商品。

其次，為了B2C的展示可以吸引參觀人潮，可以擺設贈品，例如筆、便條紙、鑰匙圈、手提袋、文具用品。在B2B的展示時，需要提供送給主要買家（host buyers）或是客戶的禮物等。

在展出現場，必需列出清單，準備報價單、工作人員名片、客戶現場洽談的紀錄表等，都必需逐一核對是否都有帶齊。產品簡介提供給一般參觀者自行取閱，但是產品目錄（CD或紙本）因為印製價格比較昂貴，則提供給潛力買主。如果當場未能提供，則以郵寄方式進行。在現場需要索取客戶名片，並將商談內容進行紀錄。

展覽籌備的流程由PEO策劃

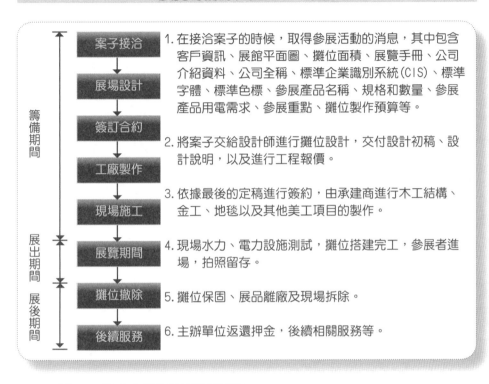

籌備期間

- 案子接洽
- 展場設計
- 簽訂合約
- 工廠製作
- 現場施工

展出期間

- 展覽期間

展後期間

- 攤位撤除
- 後續服務

1. 在接洽案子的時候，取得參展活動的消息，其中包含客戶資訊、展館平面圖、攤位面積、展覽手冊、公司介紹資料、公司全稱、標準企業識別系統(CIS)、標準字體、標準色標、參展產品名稱、規格和數量、參展產品用電需求、參展重點、攤位製作預算等。

2. 將案子交給設計師進行攤位設計，交付設計初稿、設計說明，以及進行工程報價。

3. 依據最後的定稿進行簽約，由承建商進行木工結構、金工、地毯以及其他美工項目的製作。

4. 現場水力、電力設施測試，攤位搭建完工，參展者進場，拍照留存。

5. 攤位保固、展品離廠及現場拆除。

6. 主辦單位返還押金，後續相關服務等。

▲圖8-9 國內參展籌備到撤展流程

Tips

現場施工需要注意哪些事項？

　　PEO依據設計定稿取得搭建的通知時，需要擔負起監工的事項。雖然，現場攤位搭建屬於承建商的工作，但是通常因為PEO太忙，沒有到現場監工，甚至不重視搭建工程，導致設計圖和施工情形未能一致，造成了展覽者的不滿。因此，有幾種狀況需要PEO處理。第一種狀況是要處理現場追加預算，以及變更計畫的部分。當現場有突發狀況，或是參展者另有需求時，導致不能照圖施工的情形，需要進行更動設計的部分，如

果是參展者額外增加的部分，應由PEO和承建商溝通，同意變
更設計施工之後，對於追加的項目，應該要求參展者確認額外
金額到總款項當中，並且簽收確認，而不是由PEO或是承建商
自行吸收。但是如果是可歸責於設計不良的部分，導致需要變
更設計，其損失則應由PEO自行吸收。在參展者驗收整體完工
後的搭建工程之後，需要進行攤位的清潔維護及保全工作，以
確保開幕的進行。

五、展覽會應如何計價？

一個展覽會的CEO怎麼核算成本

▶▶▶ 展覽計價包括攤位租金、裝潢、服務、運輸、人事及其他成本

俗話說：「呷米不知米價」。經常參加會議、展覽和活動的老爺們，
不一定知道所有會展活動的人潮績效，都是用鈔票堆疊出來的。也就是
說，會展產業的執行長（Chief Executive Officer, CEO）可是需要下功夫好
好研究辦一場轟轟烈烈展覽所需要的成本。

一場展覽主辦者的收入很單純，包含了向外界收取的攤位租金、廣
告、門票及利息。但是一場展覽參展者的成本，不只是眼睛看得到的展出
有形成本，其實隱藏在幕後的無形成本，也是要估算出來的。一般來說，
參展的有形成本包括了展場攤位租金、攤位裝潢、攤位服務、展品運輸、
人事成本，以及其它成本等。

展場租金是展覽的最基本的場租成本，由參展者支付給主辦單位的
場地租金。我們以外貿協會訂出展場規劃的價格來討論，通常以臨主要走
道的攤位最貴，其次是一般攤位。如果主要走道旁邊有柱子擋到視線，可
能可以取得一些折扣，如果一般攤位旁邊有柱子，折扣會更為便宜。也就
是說，能吸引到最大人潮的攤位，售價是最貴的。我們以每一含基本裝潢

的3M × 3M（3公尺 × 3公尺=9平方公尺）的攤位來計算，收費達新臺幣30,000～50,000元整，其中收費並不含裝潢。在主辦單位提供的基礎設施考量之下，具備公司全銜（中英文）招牌（fascia board）、攤位分隔牆、地毯、會議桌、垃圾桶、投射燈、展示架、洞洞板、110V（500瓦）電力插座、接待桌椅、儲物櫃附鎖等單元，其價格約新臺幣50,000～70,000元。

表8-3 國內主要展場攤位售價表

攤位種類	攤位費（含稅）	攤位面積	備註
主要走道旁攤位	較貴	9平方公尺	1.空地，不含裝潢及展示設備與設施價格。參展訂金每一攤位需要支付新臺幣15,000元（含稅）。
一般攤位	次貴	9平方公尺	
主要走道旁攤位（有柱子阻隔）	次便宜	4.5平方公尺	2.柱子面積為1.25公尺×1.25公尺。
一般攤位（有柱子阻隔）	較便宜	4.5平方公尺	

Tips

哪一種項目占展覽支出最大的項目？

在展場租金、攤位裝潢、攤位服務、展品運輸、人事成本，以及其它成本之中，攤位裝潢占展覽總成本中的最大比例。一般來說，占了總成本的39%。如果由主辦單位代為辦理裝潢施工，依據標準格式進行施工。如果自行裝潢的，在展覽會場的樑柱、牆壁、隔間都不能夠張貼、噴漆、書寫、吊掛裝潢項目。此外，消防栓、電氣口也不能夠進行封閉施工。在裝潢時，會依據服務台、產品展示區、洽談區，以及儲物櫃，進行空間分配，以產品展示區和洽談區的規劃最為重要。

表8-4　各國主要展場攤位售價表

國家	攤位費（含稅）	攤位面積	備註
美國	2,000～3,000 美金	9 平方公尺	空地，不含裝潢及展示設備與設施價格。美國以每平方英呎約20～30美元計算（9平方公尺 ＝ 100平方英呎）。
日本	2,700美金	9 平方公尺	
歐洲	1,620～1,800美金	9 平方公尺	
中國大陸	1,800～2,250美金	9 平方公尺	
東南亞	1,800～2,250美金	9 平方公尺	
臺灣	1,000～1,600 美金	9 平方公尺	
印度	900 美金	9 平方公尺	

個別攤位計價通常要看攤位平面圖

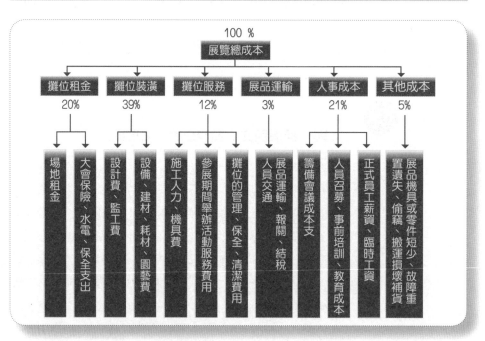

▲圖8-10　展覽成本計算分析圖

什麼是攤位租金和裝潢以外的營運成本？

攤位裝潢的成本，包含了設計、監工、設備、建材、耗材、園藝成本的支出。但是其他會展的營運成本，例如，攤位服務、展品運輸、人事成本和其他成本，也是要列入考慮的。例如說，有些展覽是在國外，展品的運輸成本比例就會比較高，包含了人員差旅、展品運用、報關和稅負的部分。

1. 以投資報酬率來說，參展所帶來的總產品銷售量，除以展覽總支出。

$$投資報酬率 = \frac{參展帶來的總銷售量}{展覽總支出}$$

2. 以展覽單位支出成本來說，需要以展覽總支出除以參觀攤位人數來計算。

$$展覽單位支出成本 = \frac{展覽總支出}{參觀攤位人數}$$

專題
講座

提升會展活動實踐力講座 8
如何承包展覽案子？

目前國內重大展覽的決策權，幾乎都是掌握在政府、公協會等組織的手中。對於專業的PEO及DMC來說，因為政府財政規模日益縮減，公辦展覽的補助預算有限，而且受到政府採購法的限制，加上採購時程曠日廢時，對於民間PEO和DMC的正常經營，經常造成捉襟見肘，而且發不出薪水的問題。因此，專業的PEO可以偶爾競標政府會展採購案件，但是要完全仰仗政府預算的挹注，其實只靠政府的補助款都是杯水車薪，無法養活一家PEO或是DMC的。

但是，透過取得民間產業公司的所舉辦的展覽活動的授權，得到參

展者客戶的青睞，才是最重要的。在國內產業公司舉辦會展活動中，投標比稿占非常重要的地位。一般來說，攤位設計的初稿確定之後，由協力廠商方面提出承建成本，可以得到具體的報價單。

在報價單中，依據設計圖詳細列出設備、建材、耗材及園藝的材質、顏色、形狀，以及尺寸，進行明確的說明。在此，一份完整的報價單，就是一份詳細的施工說明書，可以在承建商興建展場或是進行裝潢的時候，掌握施工成本，並且針對施工時間進行控管。

一般在展館的承建案例中，原則上是由參展商向展演主辦者（主辦單位）支付費用，但往往都由PEO或是DMC代為繳交或是墊付的項目，應該都在報價中詳細列明。PEO和DMC需要統合參展商，成為展演主辦者、參展商和參加者之間的平台。

如何控制施工預算？

每一個有制度的PEO和DMC公司，公司內部都有會計科目（code of account）的編定，也就是所有經費的收支，都要歸類在一定的科目之下。因此，在承包展覽活動時，應該要編定下列的施工預算：

1. 每一項分包的工程，包含工程、材料、或勞務採購，都應該編定一個預算科目，並依據合約或招標文件的報價單或詳細價目表的結構，作為預算科目的結構。

2. 如果PEO和DMC是統包商，有2至3家可能的承包商，應該交由專業承包商報價。在報價中，預算是影響展覽裝潢品質最重要的因素之一。由前述可知，臺灣9平方公尺的標準攤位裝潢費用約新臺幣3萬到5萬之間，如果攤位租金（不含裝潢）也是介於新臺幣3萬到5萬之間，則木工裝潢費用較貴，約為6萬到10萬之間。

個別攤位計價通常要看攤位平面圖

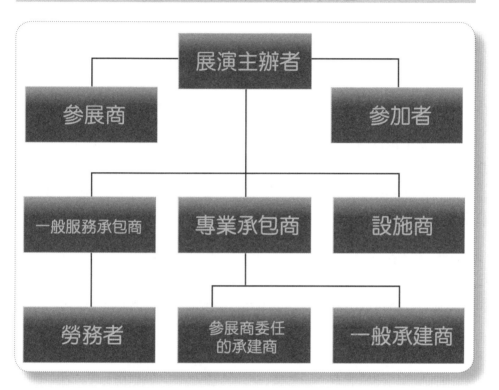

▲圖8-11　展覽設施管理組織圖

表8-5　展覽設施管理組織說明

名稱	負責業務	業務細項
一般服務承包商	一般勞務事項	會場清潔、門票、安全、桌椅擺放等一般性非專業的事務活動。
參展商委任的承建商	專業承包事項	不透過PEO和DMC的支援，進行燈光、音響、攤位、舞臺、展板等搭建工程。
一般承建商	專業承包事項	透過PEO和DMC的支援，進行燈光、音響、攤位、舞臺、展板等搭建工程。

名稱	負責業務	業務細項
設施商	負責會場中展覽設施及服務設施等設置	設施商主要搭建臨時性設施，例如：商務中心、專題講座室、新聞發布室、記者休息室、展團臨時辦公室、對外聯絡室、多用途彩排教室、舞蹈室、咖啡座、酒吧、售票處，以及臨時郵局等。

在制定預算時，需要考慮的是一般服務承包商、專業承包商（參展商委任的承建商、一般承建商），以及設施商所報價出來的固定成本，這些成本包含了攤位建造、拆除、影像視聽媒體器材架設、電腦網路架設費用、電話租用費用等固定成本費用。

本章題組

（　　）1. 在辦理展覽時下列何者不列為主要預算收入來源？　(A) 報名費　(B)攤位出租費用　(C) 公司贊助費用　(D) 紀念品銷售所得。

　　題解：在辦理展覽時，紀念品銷售所得不列為主要預算收入來源，所以答案是(D)。

（　　）2. 一般展覽的展出的攤位面積需要以實際的坪數計算，每一單位的標準攤位面積以多少平方公尺計算？　(A) 1 m×1 m　(B) 2 m×2 m　(C) 3 m×3 m　(D) 4 m×4 m。

　　題解：一般展覽的展出的攤位面積需要以實際的坪數計算，每一單位的標準攤位面積以3 m×3 m計算，所以答案是(C)。

（　　）3. 國內有許多大型展場的展出面積包含柱子面積，需要從場地面積中扣除。這些柱子面積占攤位面積的：　(A) 0.5 m×0.5 m　(B) 1 m×1 m　(C) 1.25 m×1.25 m　(D) 2 m×2 m。

　　題解：國內有許多大型展場的展出面積包含柱子面積，需要從場地面積中扣除。這些柱子面積占攤位面積的1.25 m×

1.25 m，所以答案是 (C)。

（　　）4. 下列何者不列為展覽徵展企劃書的內容？　(A) 徵展時間和地點
(B) 攤位價格　(C) 展場地圖　(D) 廁所配置。

　題解：徵展時間和地點、攤位價格，以及展場地圖都是展覽徵
　　　　展企劃書的內容，只有廁所配置不是，所以答案是 (D)。

（　　）5. 辦理展覽的設施設備、員工薪資、餐飲費用、住宿費用及稅付
金額，可歸類為：　(A) 有形成本　(B) 無形成本　(C) 有形利益
(D) 無形利益。

　題解：設施設備、員工薪資、餐飲費用、住宿費用及稅付金
　　　　額，可歸類為有形成本，所以答案是 (A)。

樂活兒時間

（樂活兒說一個笑話）

樂活兒：馬麻，我們班上正在舉辦木刻展覽喲！

會小姐：真的呀，現在的小孩真是了不起，想起媽媽
小時候，還不知道什麼是展覽呢。

展先生：在哪裡展出呵？

樂活兒：就在我們教室！

會小姐：教室怎麼可以展出木刻呢？

樂活兒：就在每一個人的桌上嘛！

第九章　展覽如何設計？

專題講座　**提升會展活動實踐力講座 9**

如何提升設計展覽執行力？

本章題組

一、展覽會場應如何設計？

一個展覽會的設計先從攤位做起

▶▶▶ 攤位有標準攤位、半島式攤位、島式攤位、背板攤位

　　展覽會場的設計，是運用空間規劃的原理，以平面效果圖的做法，將展區的環境布置、空間分配、色彩配置、燈光搭配、展品擺設進行有組織、有系統的陳列。在展覽會場的陳列中，需要進行3公尺×3公尺的標準攤位（standard booth）的設計，其中也有其他不同的攤位設計，常見的設計包括了半島式攤位（peninsula booth）、島式攤位（island booth），以及背板攤位的設計。

　　在處理展覽會場的設計時，要考慮整體布局、造型美觀、動線流暢、設施安全、合理成本、施工難易程度、使用環保、耐火、耐焰材質材料，並且依照展場的規定，嚴禁使用不合規定的材料。此外，嚴禁設置仿冒商標及仿冒專利的材料和展出產品。

　　一般來說，標準攤位的設計，包含了攤位分隔牆（三面隔間）、投射燈三盞、摺疊椅三張、地毯、參展者全銜（中英文）招牌、110V（500瓦）電力插座，以及電力等基本配備。

表9-1　標準攤位設計的單位

標準攤位（3公尺×3公尺）	Standard booth（3M×3M）	單位（unit）	標準攤位（3公尺×3公尺）	Standard booth（3M×3M）	單位（unit）
參展者全銜（中英文）招牌	fascia board	1	展示架	display shelve	4
攤位分隔牆	partition wall	3	摺疊椅	folding chair	3

標準攤位 （3公尺×3 公尺）	Standard booth （3M×3M）	單位 （unit）	標準攤位 （3公尺× 3公尺）	Standard booth （3M×3M）	單位 （unit）
地毯	carpet	1	儲物櫃 （附鎖）	lockable sideboard	1
洞洞板	pegboard	2	垃圾筒	waste basket	1
投射燈	spot light	3	110V （500瓦） 電力插座	socket	1

　　在展覽服務人員的配備上，一般每3公尺×3公尺的標準攤位至少應該配置有2位人員。如果每天展出時間爲8小時，就至少應配備4位工作人員輪流交班替換，以免展覽服務人員過度勞累，降低其工作效率。在展覽期間，不用聲嘶力竭的叫賣，因爲超過80分貝以上的噪音，是要受罰的。

二、展覽裝潢應如何組裝？

組裝作業是有步驟的

▶▶▶ 組裝從標準攤位開始

　　展覽工程的組裝工作，不是在展覽場，而是在製作工廠就已經決定未來組裝的順序了。PEO及DMC依據展覽場地的大小和需求，接洽木工、金工、展板工程、地毯供應商、水電工程廠商，依據平面2D設計圖和立體3D設計圖的細部設計，進行會場的量身訂做。如果在施作過程中有不了解的部分，應由PEO及DMC會同設計人員研究，有必要時應該和參展商和大會主辦單位在協調會時進行溝通。

　　一般小工程由參展商確認最後的細部設計圖及樣品之後，就可以進場施作。但是較大的工程，或是參展商認爲有必要監督的項目，則到工廠及

個別攤位計價通常要看攤位平面圖

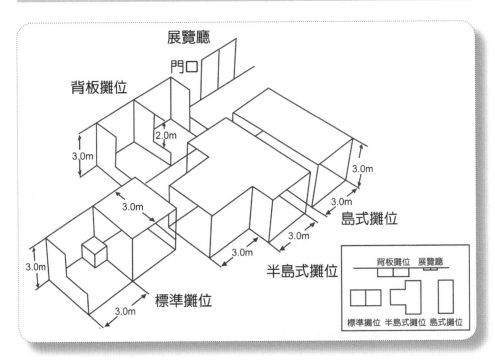

▲圖9-1　一般展覽的展出的攤位面積需要以實際的坪數計算

展場進行現場監督。這時參展商、PEO和DMC可先從主要材料採購開始逐批驗收，並且到工廠驗貨，在所有木工、金工、展板、地毯、水電等設備及材料進行確認之後，則可以依據營繕工程作業安全手冊，進行展場的開工過程。

　　技術人員在展場施工時，從結構開始搭建，接者接通管線，包括水、電、冷暖氣的管線工程，接著安裝電力設備。當管線安裝完成之後，應該予以測試。這時主辦單位也會進行電路圖的核閱及確認，以避免因為電壓負荷太大，釀成電線走火的悲劇。對於現場特殊裝置，例如：霓虹燈、電梯、電暖器、高壓蒸氣、防焰材料（有防焰標章）等設施設備也應該進行檢核，以展場的安全為施工最高考量。

如何設計吸引參觀者駐足的展覽場？

1. 中央展台的設計：大會設計的中央展台，是展覽會中最令人矚目的焦點。其中安排模特兒和展演女郎（show girl），可帶動現場熱鬧的氣氛。

2. 方便出入的動線：展覽會場應該設置出入口寬敞的交通動線，方便參觀者進出，以誘導參觀者進入到攤位。

3. 提供座椅的會場：提供舒適沙發座椅的展示，可以留住參觀者進駐休息，並且與展覽服務人員親切交談。

4. 裝潢天花板和地板：通常一般的展覽場因陋就簡，忽視了天花板和地板也是展場的一部分。因此，如果考慮視覺的均衡感，應該布置天花板和地板。

5. 以色彩營造氣氛：以年輕人為主的展覽，考慮使用華麗而有朝氣的色彩。如果要延長參觀者停留的時間，應該創造寧靜的氣氛，選擇暖色系的顏色進行布置。

6. 隱藏雜物櫃的位置：應該設計出存放雜物的隱蔽式櫥櫃，並且避開參觀者的視線。

　　在參展之前，展覽服務人員到會場先行確認攤位裝潢的進度，詳細檢核施工完成的情形，了解展場設施環境。如果設施及裝潢有缺損，應該立即向技術人員反映，立即達成修復的效果。等到展品及園藝盆栽抵達之後，確認是否有短少及損壞的情形，接著就可以上架進行布展了。

　　一般展覽攤位多半已經完成上述的裝潢工程，才交給參展商進場布展，讓參展商省掉許多麻煩，可以專心於展板海報上的設計，並且進行大圖輸出，思考將海報張貼在展板較為顯眼位置，印刷海報的規格如附錄五。

Tips

展覽場技術人員的施工及安裝流程

1. 計畫開始（project start）
2. 主要材料完成採購（major material purchasing complete）
3. 展場開工（site work start）
4. 展場搭建結構完成（structure work complete）
5. 展場設備開始安裝（mechanical equipment installation start）
6. 展場管線開始安裝（piping installation start）
7. 電力設備開始安裝（electrical equipment installation start）
8. 管線安裝完成（installation complete）
9. 開始測試（commissioning start）
10. 試營運開始（try run start）
11. 移交參展商（turn over）

　　要記住，展覽布置時，要依據地毯→設備→展板的順序安裝，否則因為重複搬運，而會增加展覽成本。

　　進場布展時間越晚開始越好，所陳列的展品也越為安全。

三、展覽應如何設計照明？

展場照明可提高展覽品陳列的效果

▶▶▶ 照明營造展場的氣氛和格調

　　在展覽中，照明是一個非常重要的工具，可以提高展覽品陳列的效果，以及增加展場商品的銷售量。然而，因為光的來源充滿了不確定性，經常難以運用戶外採光當作室內展覽品的背景光線和投射光線。因此，就

技術人員展場施工越早越好，展覽人員進場布展越晚越好

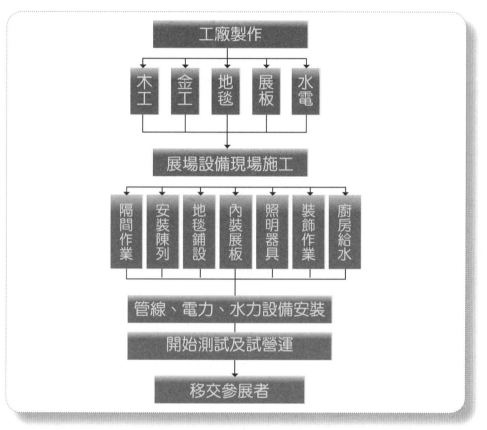

▲圖9-2　展覽裝潢製作及組裝流程圖

Tips

現在流行的展板有哪些？

　　目前流行的展板有3大類，包含一次性使用展板、循環租用式展板，以及循環可攜式展板：

1.一次性使用展板：

　　一次性使用展板是為了特殊的參展者量身打造的設計產

品，展出的材質為木結構製品，其優點可以充分展示產品的特殊意象。缺點為只能一次使用，不但價格高，而且並不環保。

2.循環租用式展板：

通常向專業展覽工程公司租用循環式展板，採用鋼製支架結構進行拼製。其優點為結構堅固，可更換不同的造型，缺點是價格昂貴，而且較為笨重，不容易攜帶。

3.循環可攜式展板：

可攜式展板採用可折疊式的支架，加上精美的輸出圖片，可以展現圖片所要傳達的訊息。循環可攜式展板的優點為價格便宜，攜帶方便，而且利於拆卸折疊。缺點為變化較少，不及一次性使用展板和循環租用式展板的變化性。

一般參展者喜歡採用循環可攜式展板，因為可以重複使用，而且達到環保的效果。

需要運用室內的人工燈具進行照明工程的裝置。

展場的照明可以區分為直接照明、間接照明和局部聚光。直接照明是直接投射在展覽品上的照明，可以使展場表現出明亮大方的感覺，適合大面積的照明。間接照明是透過照明燈具的燈罩，目前特殊的燈罩都有減少紫外線輻射的特殊濾網，雖然照明效果比較差，但是會讓展覽品呈現較為柔和的感覺。局部照明則是透過聚光燈的效果，讓展覽品更為突出。

目前因為地球溫室效應的影響，造成全球暖化的現象。因此，強調節能減碳的展覽場照明應運而生。常見的照明有發光二極體（LED照明）、光纖照明、鹵素燈照明、螢光燈照明等。這些照明設備，有的因為照明設備發光功率不佳，有的照明設備散熱過大，常會造成會場太熱，需要加開空調的問題。近年來都有新穎的照明研發與燈光改善工程。例如，運用百葉效果防止螢光燈的擴散眩光，或是研發無熱量或低紫外光的照具，以減少藝術品展示時的傷害。

　　在展覽活動中,參展者全銜(中英文)招牌、展台,或是展示攤位都有可能運用投射燈進行聚光,這種聚光燈,俗稱鍍鋁反射燈(parabolic aluminized reflector lamp,又稱PAR燈)。藉由PAR燈的內裝鏡片強化聚光照面,並可以外加遮光板,可以強化展覽場招牌及展台的明亮狀態。

表9-2　燈具應用及其優缺點

中文	英文	應用	優點	缺點
發光二極體(ＬＥＤ照明)	light-emitting diode, LED	背景燈、投射燈	低安裝尺寸、低功耗、低發熱量、壽命長無紫外線輻射	價格偏高、散熱器過大、發光效率較差
光纖照明	fiber-lite lamp	背景燈、投射燈	無紫外線輻射、無熱量逸散	價格偏高
鹵素燈照明	halogen lamp	背景燈、投射燈	光色暖黃、演色性佳、易調光、高光輸出	耗電、高熱
螢光燈照明	fluorescent lamp	背景燈、投射燈	低功耗、光效及壽命優於白熾燈	低溫閃爍,含有水銀成分,對人體有害。

表9-3　展覽場所的照明度　單位:勒克斯(Lux)

照明度	3000 ← 2000 ← 1000 → 750 → 500		
珠寶展	裝飾櫃	櫥窗	攤位服務處
電腦展	展台	櫥窗	攤位服務處
書展	陳列櫃	櫥窗	攤位服務處
工藝展	展台	櫥窗	攤位服務處
家電展	陳列櫃	櫥窗	詢問處
傢俱展	陳列櫃	櫥窗	詢問處

照明度	3000 ← 2000 ← 1000 → 750 → 500		
雕刻展	展台	櫥窗	詢問處
文化展	展台	櫥窗	詢問處
日用展	展台	櫥窗	攤位服務處
食品展		展台	攤位服務處
花藝展		展台	詢問處
陶藝展		展台	詢問處
畫展		展示重點	詢問處
書法展		展示重點	詢問處

四、展覽品應如何運送？

展覽品運送涉及進出口

▶▶▶ 出口展覽應該注意展覽品的保護

　　一場國際展覽由於展覽品可能來自於海外，牽涉到進出口和保險上的問題，在展覽品的保全上來說，風險比較大，所以需要妥善地考慮展覽品運送、海關申報，以及展覽品保險的事宜。

　　在選擇運輸航線時，不應該僅以運輸費用的價格高低，來決定海運或是空運的航線，否則碰到航運誤點，而延宕展覽的時機。在展覽品需要運送之初，需要找主辦單位指定的展覽品運輸商（official forwarder），辦理進口報關。此外，有些國家會採取暫時進口（temporary importation）課稅方式，或是採取政府保證的情形進行進口，所以需要選擇口碑良好、價錢合理，及專業經驗豐富的運輸商協助，經由報關行進行完稅證明後，以順利通關。

選擇正確的攤位照明，可以改善攤位的氛圍

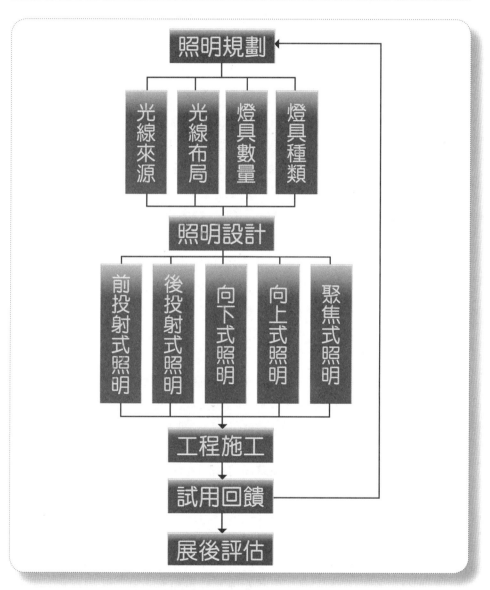

▲ 圖9-3 展覽照明規劃及施作流程圖

Tips 　　**現在流行的照明方式有哪些？**

　　在展場中，以照明為主的光線，通常照明的角度較高，採用「前投射式」及「向下式」照明。但是為了要營造氣氛，光源角度通常設置在人體腰部以下，或者是地面上的高度，進行「向上式照明」。此外，依據不同設施情境，採用不同聚焦光線和發散光線的效果。「聚焦式照明」通常用於視覺焦點的投射處，例如：在展覽場地的藝術品、雕刻，以及畫展作品，可搭配聚束的光線的投射燈進行光線補強；而「散光式照明」則用於創造大範圍柔和的情境，讓展覽品的線條較為柔和。

　　以展覽場所的照明亮度而言，需要聚焦的展台、裝飾櫃和陳列櫃上的展品，需要以2,000～3,000Lux的光度進行聚焦式照明，但是攤位的其他地方，因應節能減碳的效果，不需要進行聚焦式照明，則以散光式照明的方式，進行500～750Lux的光度進行照明即可。在進行展場光線設計的時候，要注意是下列程序：

1.決定主要展場設施的主體顏色及光線來源。
2.選擇次要展場設施的搭配顏色及光線來源。
3.選擇設施後面的背景顏色及背景光線來源。

　　選擇海運運輸的時候，要注意展覽品的包裝，尤其是需要注意展覽品中，是否有容易受潮的展覽品。在包裝的時候，以紙箱、木箱包裝居多。在紙箱部分，應該以舊報紙、道林紙層層包裹，加上一層防潮布保護，或是放入防潮紙箱中，並且進行打包機的尼龍繩進行封箱，以確保運輸的過程中，不會因為受潮導致無法進場展覽。在木箱部分，同時需要準備防潮紙、塑膠袋（套）、除濕劑，以及在展覽結束封箱之前，也需要進行防鏽處理。例如，某些展示機械上，需要塗抹防鏽油料，以避免機械生鏽。在

▲ 圖9-4 上海世界博覽會的未來家居生活的客廳展示及打光設計（方偉達／攝）。

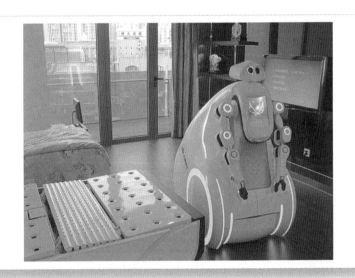

▲ 圖9-5 上海世界博覽會的未來家居生活的臥房展示及打光設計（方偉達／攝）。

▲ 圖9-6　上海世界博覽會的未來車展示及展覽品打光㈠（方偉達／攝）。

▲ 圖9-7　上海世界博覽會的未來車展示及展覽品打光㈡（方偉達／攝）。

運送裝箱封存部分，應該以螺絲釘進行封箱固定，現場技術人員比較容易以螺絲刀來開啓木箱蓋。因爲以鐵釘進行封箱的話，會導致現場技術人員在拆箱時，容易造成木箱破損，而破損木箱也無法在展覽結束之後，重新使用。在外箱上需要標明展覽品的正面位置、重心位置，以及展品重量，以提醒現場搬運人員小心輕放。另外，爲了要組合展覽品，每件箱子需要打上模型號碼（model number）及序號（serial number），並且詳列於清單中，以配合展覽國家進出口，或是轉運及退運時，當地海關的查驗工作。

在進口展出部分，必需先行擬定展覽品最後抵達港口的日期，並且加強聯繫國代理商在截止布展日前之前，將貨品送達臺灣港口。依據我國相關稅法規定，要檢附航空公司空運主提單（AWB），或是船公司航運主提單（OB/L）、商業發票（commercial invoice）、裝箱明細表（package list），在貨到之前以郵寄、傳眞或是 E-Mail PDF檔案方式寄達。

Tips

如何為海外展品投保意外險？

展覽品運輸的時候，因為有海運長程運輸的風險，所以參展商都會投保海運貨物險（marine cargo insurance），以避免貨物運送時的損失。建議保險的起訖時間，包括出口、進口的海上運輸時間，在各展覽地點的停留時間，以及陸路運輸都要涵蓋在內。保險的範圍也不僅僅是展覽物品而已，還要包括因為缺展所造成的可能商業損失。但是，一般產物保險公司對於產品以外的價值，尤其是商業風險損失都不會承保，這也是需要注意的。

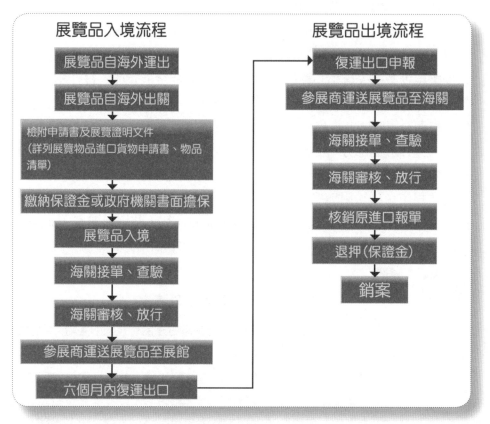

進口後六個月內應再運出口，否則予以課稅

展覽品入境流程

- 展覽品自海外運出
- 展覽品自海外出關
- 檢附申請書及展覽證明文件（詳列展覽物品進口貨物申請書、物品清單）
- 繳納保證金或政府機關書面擔保
- 展覽品入境
- 海關接單、查驗
- 海關審核、放行
- 參展商運送展覽品至展館
- 六個月內復運出口

展覽品出境流程

- 復運出口申報
- 參展商運送展覽品至海關
- 海關接單、查驗
- 海關審核、放行
- 核銷原進口報單
- 退押（保證金）
- 銷案

▲圖9-8　展覽品入出境申請流程圖

Tips

如何通過海關的檢疫措施？

　　展覽品進出口時，以木箱進行封存，在漂洋過海之後，容易引起外來種的動植物藉由海空運之便，入侵其他國家。例如，在1996年，美國農業部首度證實一種亞洲來的星天牛入侵紐約州等地，造成極大的經濟上的損失。後來美國政府發現，

這種星天牛是在進口貨品的木材包裝箱中找到的，其中絕大多數的木箱，是來自於中國大陸。美國農業部估計如果星天牛擴散到全美國之後，將會對於生態及觀光產業造成影響，其損失超過6,500億美元。

後來國際植物防疫檢疫措施標準第15號（ISPM 15），即為因應外來種入侵，訂定了國際貿易之木質包裝材料管制準則，以規範進出口的運輸包裝。目前已有有許多國家，例如美國、加拿大、澳洲及中華民國等16國，針對木箱包裝時進入該國海關之前，採用第15號標準，在出口地必需以熱處理或是煙蒸處理，以殺死入侵生物。有些國家會要求出口地的廠商，提出檢疫證明書，或是在木箱上加蓋檢疫處理的戳章，否則不予以放行。

為了配合國際的防疫檢疫措施，建議在展覽品封箱之前，採用溴化甲烷煙蒸處理法處理木箱，而不可以任意丟擲揮發性藥包在箱子中，容易造成驗關人員或拆櫃人員直接吸入溴化甲烷氣體中毒，不可不謹慎。

提升會展活動實踐力講座 9

如何提升設計展覽執行力？

設計一場傑出的展覽會，是不斷累積成功和失敗經驗所得來的成果。展覽必需要考慮展出時間、場地，以及展品，這些展覽品包括商品或是服務都涵括在內。

一場展覽會，都會有主辦單位、協辦單位、參展商、PEO及DMC參與其中，並且指定專人負責展覽專案。

在展覽專案中，首先要敲定展覽的時間、地點，以及展覽的內容。

其中需要了解最新產品的訊息。在確定參展之後，需要繳交報名費、抽選攤位、確認攤位，以了解布展擺設所支援的攤位面積、大小、形狀，以及軟硬體設施。在聯繫下游協力廠商進行布展時，需要簽訂契約，或是以默契進行工程施作，以在展期之前，將展場進行規劃、設計、施工及安排進場事宜。

專案人員必需有時間概念，了解下列時間的進度：

1. 主辦單位：在展覽舉辦時，主辦單位製作參展識別證，其中區分為國外主要買家、參展者、一般參觀者、會場工作人員。此外，主辦單位應該印製好參展手冊、參展識別證、邀請函、展品、目錄、贈品，提供展覽時使用。

2. 下游廠商：接洽木工、金工、展板工程、地毯供應商、水電工程廠商，或是由一家裝潢公司或是承建商進行比稿、比價、確認完成攤位裝修及租（借）用器材事宜。在展覽品的運送部分，選擇可信賴的協力廠商進行運送及報關，並且將展覽品進行保險工作。一般來說，參展商的備樣時間和樣品運送時間，必需和下游的裝潢公司和運輸公司的時程緊密配合。為了如期將展覽品順利展出，應該排除任何可能延誤裝修或是布展的狀況。

3. 參展商：依據進度，進行布展工作。在邀請國外主要買家來看展部分，應協助遠來的貴賓申請旅遊補助，並且聯絡住宿訂位事宜，並且親切地安排國外買家不同的進場或參觀時間。

Tips

展覽期間展覽品及人員保險如何處理？

在參觀期間，有關展覽品的保全非常重要，需要由參展商自行保管展覽品。展覽品最容易失竊的時間，是在會展布展和撤展期間。為了防止展覽品的遺失，每天在展覽結束前應該將展覽品鎖在儲物櫃之中，隔天開始展覽時再取出陳列。在保險

方面，如果因為在展覽品海運途中船隻發生海難翻覆，參展商都有幫展覽品購買海運貨物險全險（all risk insurance）保單，但是這種保單只有包含船運發生災害，造成展覽品損失的保險，所以針對展覽品在陸路貨運運送、貯存、展出期間發生的意外，例如火災、水災、失竊、破損等事故，並不予以理賠。

　　一般來說，展覽品失竊可以說是常常碰到的情況。因為展覽場地屬於開放空間，主辦單位認為參展商應對自身的展覽品負保管之責。因此，主辦單位對於展覽品失竊不會予以理賠。所以在展覽期間，參展商還要進行商業保險中的展覽保險，保險範圍包括：

1. 展場設置及展覽攤位撤展所引發的公眾責任。
2. 展覽期間物品、傢俱、機器、設備，以及其他用於展覽會的財物損失。
3. 參展物品直接往返於展覽會場的陸上運輸中的損失。
4. 參展商於會場的公眾責任。
5. 保障參展商臨時聘用作為推銷或示範的員工安全保險。

本章題組

（　　）1. 在辦理大型展覽時，主辦單位應該為買主規劃最佳的參觀行程，下列規劃何者為非？　(A) 規劃導覽路線　(B) 安排導覽人員　(C) 設計沿途指標　(D) 沿途散發傳單。

　　題解：在辦理大型展覽時，主辦單位應該為買主規劃最佳的參觀行程，例如規劃導覽路線、安排導覽人員、設計沿途指標，但是不應該沿途散發傳單。所以 (D) 為非。

（　　）2. 參展手冊（Exhibitor's Manual）的內容不包括下列資訊？　(A) 參展廠商名錄　(B) 展覽基本資料　(C) 展覽場地各式服務之申請表格　(D) 展場注意事項及說明。

題解：參展手冊（Exhibitor's Manual）的內容不包括參展廠商名錄，所以答案爲(A)。

(　　) 3. 會展裝潢時的標語不能擋住下列何種設施，下列何者為非？
(A) 消防箱　(B) 柱子　(C) 逃生門　(D) 逃生指示標誌。

題解：會展裝潢時的標語不能擋住消防箱、逃生門、逃生指示標誌，所以答案爲(B) 柱子。

(　　) 4. 參展廠商需要自行尋找承建商承包攤位裝潢，承租的攤位費用不包含裝潢和展示設備，都需要自行接洽裝潢商。搭建的攤位形式，包含：　(A) 標準攤位　(B) 島式攤位　(C) 半島式攤位 (D) 以上皆是。

題解：參展廠商需要自行尋找承建商承包攤位裝潢，承租的攤位費用不包含裝潢和展示設備，都需要自行接洽裝潢商。搭建的攤位形式，包含了標準攤位、島式攤位、半島式攤位，所以答案爲(D) 以上皆是。

(　　) 5. 下列何者不是未來參展廠商對於攤位的設計理念？　(A) 環保 (B) 創新　(C) 節能　(D) 省錢。

題解：省錢不是未來參展廠商對於攤位的設計理念，答案爲 (D)。

第十章　展覽如何管理？

一、展覽活動應如何行銷？

二、展覽結束後應如何善後？

三、展覽應如何進行管理？

 專題講座　**提升會展活動實踐力講座 10**

如何增強展覽基本能力？

本章題組

一、展覽活動應如何行銷？

行銷的對象是人，行銷的利器是口碑

▶▶▶ 本次的展覽活動行銷，從前一次展覽結束後就已經開始了

　　展覽行銷（exhibition marketing）是一種專門的學問，包含展前行銷、展中行銷和展後行銷等階段。以推展商業活動來說，展覽是一種集合相關廠商進行業務拓展和成交的一種行為。展覽可以提升企業體的知名度，蒐集相關產業的情報，並且可以開發潛在客戶來源。

　　在PEO及DMC展前行銷的部分，首先應該確定參展的目標，藉由參展可以獲取訂單、開發新的客戶群，並且藉由上屆展覽會的會刊，取得本次參展客戶的資訊。此外，參加公協會也是獲得參展商的聯絡方式和簡介的方法。此外，瀏覽展覽官方網站，有些展覽會架設網路虛擬展，直到下屆展覽之後，再行更新網頁。因此，有些參展商的廣告會連續刊登，針對下一屆展覽的宣傳有正面的效果。

　　在展前行銷時，也不要忘記登門拜訪潛在的客戶。有的客戶會在展前進行會展比稿競標，因此，不要放棄任何可以建立關係的機會。有時候，可以建立企業合作模式，登門拜訪潛在的客戶，通過面談的方式，了解客戶的需求。俗話說得好：「見面三分情」。不要畏懼被客戶拒絕，也不要放棄任何可以表現的機會。一旦有了合作的開始，要建立溝通的管道，透過晤談，可以「知己知彼」。了解目前市場潛在商機，蒐集最新的情報，以避免決策錯誤的情形發生。

　　如果PEO及DMC得到客戶的青睞，獲得承包的機會，則開始依據展館平面圖、攤位面積、參展手冊、客戶公司介紹資料、公司名稱、企業識別系統（CIS）（中國大陸稱為標準司標）、標準字體、標準色標、參展產品名稱規格、產品數量、用電需求等製作攤位設計和施工的預算，藉由上述的資料在期限之內，製作服務建議書，並且繪製施工草圖和細部設計

圖。

　　在展覽期間，應該進行客戶的接待工作，並且提供緊急應變措施的服務。如有外國客戶參觀，應提供外語翻譯，安排客戶聯繫等。

參展商如何行銷？

　　參展商可以要求PEO制定參展行銷計畫，這一份行銷計畫可以說是展前及展覽期間的密集廣告宣傳。對於媒體行銷，應該訂定工作時間進度表，提交給參展商，其中包括了下列宣傳項目：

1. 電視：有線及無線電視的傳媒廣告。
2. 報紙：在展前、展覽期間刊登於國內知名報紙。
3. 廣播：在展前、展覽期間於電臺進行插播。
4. 雜誌：在知名專業雜誌上報導。
5. 邀請卡：寄發邀請卡廣邀政府官員、民意代表、會展、旅館、餐飲、旅遊業、學校等單位前來參觀。
6. 燈箱廣告：在展前、展覽期間於捷運刊登燈箱廣告。

買主手冊是針對主要買主設計的第一手資料

　　買主手冊是方便主要買主查詢所有參展廠商的資料，內容包含了所有參展商的基本資料、攤位位置、製造產品、產品檢索、商標檢索名錄、廣告刊登，以及最新產品介紹的手冊。

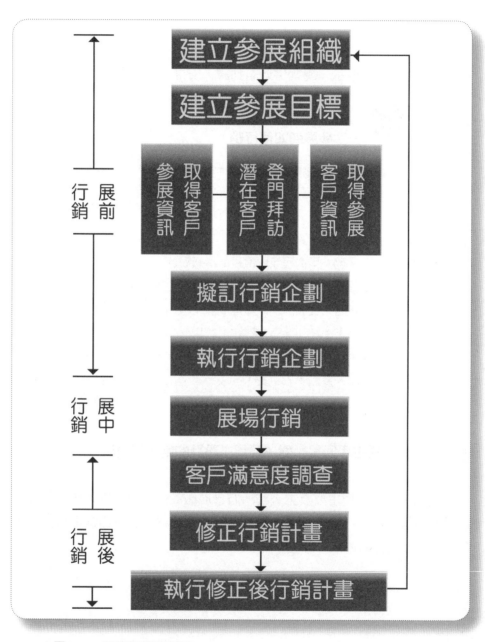

▲圖10-1　展覽行銷流程圖

表10-1　展中行銷的方法（客戶時間管理）

07：00-08：30	陪主要買家在飯店吃早餐
08：30-09：00	派車接買家到展場
09：00-12：00	1.排列展覽品 2.現場接待主要買家（擔任翻譯） 3.陪同買家到其他攤位訂購商品
12：00-13：30	請主要買家吃午餐
13：30-17：00	1.排列展覽品 2.現場接待主要買家（擔任翻譯） 3.陪同買家到其他攤位訂購商品
17：00-18：00	送主要買家回飯店
18：00-21：00	晚宴、參觀附近景點、安排娛樂活動、逛街購物
21：00-22：00	行程結束，送主要買家回飯店休息

Tips

展覽期間如何行銷？

　　在展覽期間，除了在臺北市區重要人行陸橋及安全島上，依規定申請懸掛羅馬旗幟，加強對於市民的宣傳之外，並以下列方式進行行銷：

1. 增進宣傳效果：以高額獎金進行抽獎來回機票；或是以一元起標標售筆記型電腦以增加民眾的買氣，炒熱現場的氣氛。
2. 專業服務買家：協助國外買主代為訂房、代辦簽證、贈送入場門票、提供展場到飯店的接送服務。
3. 降低購買風險：提供車展購車保險，提供購物免費維修服務，提供購買電腦三年保固期限。

二、展覽結束後應如何善後？

展後的工作包括撤展和歸還租用器材

▶▶▶ 加強客戶和下游廠商的聯絡也是很重要的

展覽結束之後，則為展後行銷的開始。首先，應該協助撤展，有關於撤展時的展覽品處理，有以下的方式：

㈠回收：將大型展覽品，以吊車吊運重新裝箱，進行編號及裝箱工作。在外箱上貼好公司及收貨人的名稱、地址和電話，迅速撤離現場，並請貨運公司運走。此外，進行攤位的拆除工程，如果有些攤位的建材可以回收再利用，應該進行回收工作。

㈡贈送：如果展覽品價值不高，為低價的展覽樣品，參展商通常會將這些樣品送給客戶。

㈢拍賣：如果展覽品價值不斐，在展覽結束之前，進行「特賣會」，可以炒熱買氣，並且將展覽所花的成本再賺回來。但是這種特買會屬於零售行為，需要開立統一發票。

㈣拋棄：有的廠商破壞攤位裝潢，連同產品及包裝直接丟進垃圾箱，但是需要依據政府對於大型廢棄物清除處理的規定，不可以隨地拋棄。

㈤歸還：如果是向裝潢公司租用的，則點交之後，支付租金；有損壞者予以賠償。

㈥返還：有的租用的展覽器材是向主辦單位租用的，有訂定租用契約。例如租用的燈具、傢俱、櫃子、層板、發電機、穩壓器、延長線等，需要清點返還給主辦單位，並且向主辦單位取回押金或借據。以上工作完成之後，就可以向主辦單位申請退回前期預付的相關押借費用。

展後如何行銷？

　　展覽期間非常短暫，在展覽期間不方便行銷的部分，應該利用展後進行行銷。展後針對買家需求進行整理，包括訂單、廠商資料，及談話紀錄都要進行電腦彙整及建檔，並且盡速採取聯絡方式。若果買家只是詢問價錢，並沒有表示購買的意思，還是要迅速將報價單及樣品提供給買家參考。如果客戶下單之後，則需要將訂單明細表整理之後，列出價格及應允折扣，立即下單給工廠或貯存倉庫，以貨運、郵寄、快遞或是宅急便的方式送到買家的手中。俗話說：「禮多人不怪」。在展後，如果集中火力進行形象行銷的話，可以進行下列事項：

1. 酬賓活動：在資料建檔之後，針對買家個人及家人生日進行酬賓活動。
2. 專屬服務：在買家參觀展覽活動之後，將現場特殊的照片沖印送給客戶。
3. 提供訊息：整理展覽總結報告，提供買家參考。
4. 邀請參觀：邀請買家免費參觀相關優質展覽。
5. 客訴處理：以誠懇的態度接受買家的抱怨，並且迅速將瑕疵產品進行回收，並予以適當的賠償及周到的賠禮。

三、展覽應如何進行管理？

展覽管理不只是物業管理

▶▶▶ 管理需要建立評估制度

　　依據展覽活動的具體狀況、整體的成果、宣傳的情形、接待的狀況，以及展覽的收益和成交成果等項目，應該建立出展覽評估的項目，以評估

展後不要亂丟垃圾，以免受罰，影響公司形象

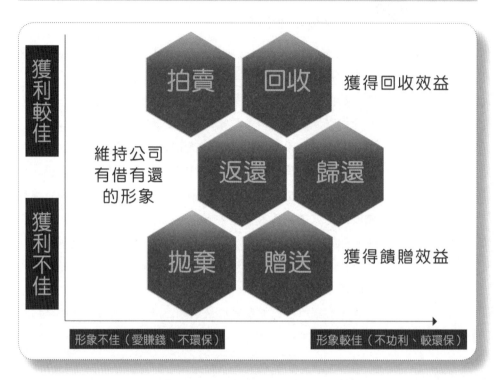

▲圖10-2　展覽之後展覽品處理流程圖

這一次的展覽是不是辦得很好，還是有許多缺失，需要進行改善。我們以客戶的滿意度進行說明。

（一）展覽主辦單位

對於會展主辦單位而言，一場展覽常常會老調重彈，沒有新意，造成買家人氣直直滑落。例如，參展商數量、參觀人數、參展營收利潤越來越差，這時就必需透過顧客服務品質調查分析，並且評估大環境下的市場趨勢，客觀分析展覽的好壞。另外，可以邀請獨立的專業會展諮詢顧問進行評估，以專業術語和客觀分析，建議展覽活動未來可以發展的方向。

Tips

每日結束及撤展當天的程序

　　每日展覽結束前，應該有一名展場服務人員等到參觀者全部離開，清點展覽物品，重要展覽品鎖在櫥櫃之中。等到保全警衛第二次進行清場之後，一同離開現場。

　　在撤展當天，主辦單位發給參展人員的識別證（參展證）應該隨身攜帶，依據勞工安全衛生法的規定，所有撤展人員配戴並且扣緊合格的安全帽，並依據主辦單位所給的撤展路線，依序打包、上車，採取分時分區原則，從展覽場後方出入大門魚貫進行撤場工作，所有垃圾應自行清運。

　　一般來說，撤展有小撤展和正式撤展。小撤場是展覽結束的當天，將小型展品和貴重物品先行撤出，以確保展覽品的安全；正式撤場是小撤展後的第二天，將全部裝潢物件及展覽品全數撤出，並且進行場地的清潔和回復原狀工作。

㈡參展商

　　針對參展商而言，每一場專業的展覽都必需進行課題研究及問卷調查，調查對象爲參展商和主要買主。問卷需要詢問廠商參展成本是否合乎效益？是否向專業觀眾、買主推出新產品，以建立新的客戶群？根據AUMA對於展覽研究組織的研究發現，一般的參展廠商於展覽後，有三分之二的定單還是來自於老客戶。此外，開發新的客戶群的成本，爲維繫老客戶的五倍，因此，參展商應該依據問卷調查的結果，虛心地評估展覽是不是讓老客戶和新客戶都同時滿意，並且考慮是否辦理下一次的參展效益。

㈢其他相關產業

　　對於展覽相關產業而言，牽涉觀光旅遊產業。我們同時可以採用問卷調查或是深度訪談的方式，了解其中互利共生的模式，並且加強

當地經濟繁榮與發展。

如何評估展覽公司的組織活動效益？

對於經常性展覽的評估，可以制定評估的標準，採用預算控制的方法，定期將實際成果和原則標準進行比較，並且提供績效報告。對於不是經常辦的活動，可以採取成本效益分析、成本效能分析、計畫預算、或是零基預算等方法，進行效益評估。

其次，以展覽通過國際檢定和認證的比例，也是很好的方式。一般來說，國際檢定的標準，可以依據策略績效評估，分為客觀定量指標，以及主觀定性指標，進行會展業務的合格檢定。

提升會展活動實踐力講座 10

如何增強展覽基本能力？

在會展產業中，管理能力高強，不是天生俱來的，而是經歷不斷地大大小小展覽的經驗，累積許多挫折，從挫折中吸取教訓而得來。因此，加強展覽的管理能力，只有多看、多聽、多說、多讀，多加強下列展覽規劃、設計、接待、經營、管理等五大項目的基本能力，才能成為一位挑起大樑的獨立策展人（curator）。這樣很難嗎？其實不難。因為不是所有的領導者，天生就具備展覽規劃、設計、管理、經營和接待這些能力，而是底下需要有強而有力的幕僚協助，並且以組織架構不斷地進行溝通和協調，才能成就一方事業。

我們以國內現有的大學校院來說，可以從事展覽產業的有下列相關科系，大致說明如下：

1. 規劃：都市計畫學系、環境規劃學系、景觀學系、建築學系、休閒遊憩規劃與管理學系。
2. 設計：工業工程學系、設計學系、建築學系、室內設計學系。
3. 接待：外語學系、翻譯學系、觀光學系、公共行政學系、餐旅管理學系、應用外語學系。
4. 經營：經營管理學系、事業經營學系、會展學系、觀光學系、行銷學系。
5. 管理：企業管理學系、國際貿易學系、經濟學系、公共行政學系、餐旅管理學系、工商管理學系、營建管理學系、休閒遊憩規劃與管理學系、公民教育與活動領導學系。

但是以上科系會教核心會展產業精隨的必修科目者，寥寥可數。上述科系，具備辦理大型展覽實務，同時具備學術專長，有國際期刊發表的教授也不多，導致國內的展覽產業不能和日新月異的國外展覽產業與時俱進，形成國內展覽產業的資源浪費。

因此，增強展覽能力不是在大學教育可以畢其功於一役的。許多實務經驗，需要在出了學校校門之後，不斷的摸索與學習。要透過社會大學的歷練，才能將學校所學的功課，與實務界的經驗進行交流。

同時，一場好的展覽，還是需要藉由績效評估才能進行判定。符合國際標準的展覽績效評估，其重點在於運用策略績效評估、組織績效評估，以及專案績效評估，進行進行展覽的整體評估。

會展產業的五大項目，形成良性的循環。依據規劃→設計→接待→經營→管理的步驟，強化展前、展中、展後的流暢感，並且進行不斷的檢討和改進，以強化五大項目的均衡發展。

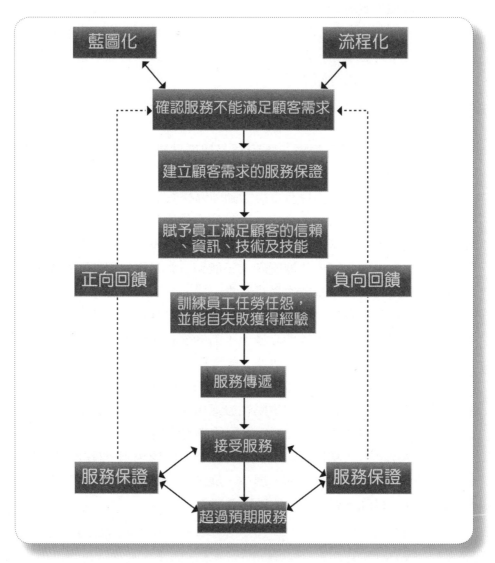

▲圖10-3　會展活動專案評估流程，需要建立以顧客滿意度和員工服務品質
　　　　　的共同基礎之上

如何評估展覽公司員工的服務品質?

1. 服務價格:合理的服務價格、親切、有效率的服務。
2. 服務信任:在展覽業界具有服務的口碑,值得信任。
3. 服務負責:公司具備一定規模,並且具有負責的能力。
4. 服務經驗:從業人員具備服務經驗,並且具備外語溝通的能力。

五大項目,是會展武林中的五大絕學

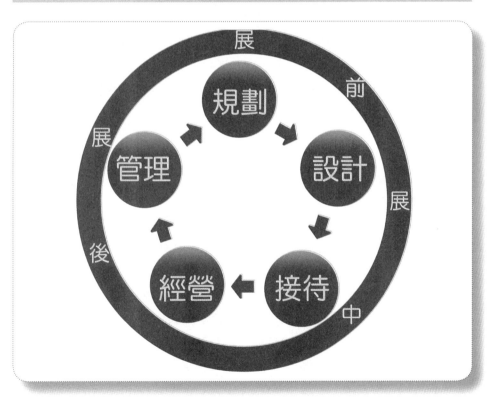

▲ 圖10-4 會展產業的五大項目流程

Tips

如何辦理節能減廢的高品質展覽？

展覽的時間雖然很短，但是因為布展的攤位有許多臨時性的搭建設施，常常會帶來許多不必要的廢棄物。在展覽管理中，節能、節約、減碳、減廢（二節二減）已經不是口號，對於減少廢棄物成為展覽環境管理中不可忽視的一環。

根據統計，展覽中有將近75%～80%的廢棄物來自於搭建攤位後進行拆除時所產生的。因此，許多會展主辦單位將垃圾的清運費列為收費的一項支出，而且有的時候參展者要自行清運廢棄建材。

所以，運用循環再利用的攤位搭建材料，成為21世紀展覽建材的最佳選選擇。在利用鋁質系統組件方面，因為可以循環再利用，成為最佳選擇。目前也有再生紙製品可以替代，成為資源回收、垃圾減量最好的示範。

本章題組

（　　）1. 在會展組織中，即使沒有組織會議的專職人員，通常也有會員會籍管理的秘書處或是管委會的單位為：　(A) 行政部門　(B) 企業部門　(C) 公司行號　(D) 公會、協會。

題解：在會展組織中，即使沒有組織會議的專職人員，通常也有會員會籍管理的秘書處或是管委會的單位為公會、協會，簡稱為公協會。**所以答案是**(D)。

（　　）2. 下列何者不是會展主辦單位的管理策略？　(A) 事先提醒　(B) 事中管控　(C) 事後檢討　(D) 不告不理。

題解：不告不理不是會展主辦單位的管理策略，**所以答案是**(D)。

（　　）3. 採取關鍵績效指標（KPI）和目標管理（MBO），從管理的目

的來看，評估的宗旨是在加強： (A)組織整體業務指標 (B) 強化部門重要工作領域 (C)個人關鍵任務 (D) 以上皆是。

題解：採取關鍵績效指標（KPI）和目標管理（MBO），從管理的目的來看，評估的宗旨是在加強組織整體業務指標、強化部門重要工作領域、個人關鍵任務，所以答案是 (D)。

( ) 4. 為了疏散世貿展覽中心展場的交通，應以下列何者方式進行處理交通流量的問題？ (A) 限制展出內容 (B) 限制參展廠商使用車輛數目 (C) 限制展出時間 (D) 採取分時分區進出展場。

題解：為了疏散世貿展覽中心展場的交通，採取分時分區進出展場，進行處理交通流量的問題，所以答案是 (D)。

( ) 5. 下列何者不是參展廠商可以運用的會展行銷空間？ (A) 參展攤位空間 (B) 型錄展示區 (C) 新聞室 (D) 周邊馬路隨意散發型錄。

題解：周邊馬路隨意散發型錄不是參展廠商可以運用的會展行銷空間，所以答案是 (D)。

樂活兒時間

（樂活兒吵得要去臺北花卉博覽會）

樂活兒：媽媽，我要去花博！

會小姐：人太多了啦，明天帶你去小巨蛋。

展先生：小巨蛋人更多，不然這樣，把拔明天帶你公
　　　　園玩。

樂活兒：不要，我要去「花錢博覽會」啦！我們同學
　　　　都有去過啦！

會小姐：小公主，妳太刁蠻了囉！

展先生：現在的小孩還不懂得賺錢，就先學會花錢，把拔賺錢很辛苦
　　　　耶。

Part 4　如何辦理活動
掌握辦理活動的基礎
——了解活動SOP標準流程關鍵

第十一章　什麼是活動？

一、哪些「活動」算是「活動」？

二、舉辦活動需要注意的問題有哪些？

三、舉辦活動真的很花錢嗎？

四、政府可以提供活動補助經費嗎？

 專題講座　**提升會展活動實踐力講座 11**

活動規劃的SOP

本章題解

一、哪些「活動」算是「活動」？

活動的定義不容易區分

▶▶▶ 活動包含了遊戲、休閒、團康、運動、競賽、大型盛會

　　活動（activities）的定義不容易區分，可以說只要是有生命現象，並且有目的性的進行動作，就可以稱之為活動。活動可以區分為動態及靜態活動。其中動態活動包含下列內容：

㈠玩耍遊戲：沒有硬性的規定，在輕鬆而不用太多思考的心情之下，使參與者可以達到放鬆身心，享受到趣味十足的娛樂效果。例如：從小朋友的打鬧、紙上的小遊戲（大富翁），或是扮家家酒最為常見。

㈡休閒娛樂：範圍極廣，不需要透過太多的思考，以簡單的行為就享有放鬆身心的效果。其中包含了耗體力以及不耗體力的行為，有著較多的社交元素融合其中。例如：看電視、打電動玩具、下棋、散步、逛街、看電影、聽音樂、演唱會、參加派對等活動，都是休閒娛樂的範疇。

㈢團體康樂：一般最常見的說法就是團康，通常是指超過三人以上的娛樂活動，透過簡易的規則和目標，使參與者有同儕競爭的感覺，在過程中也會達到短暫忘記世俗煩惱及紓解壓力的效果。團康趣味性十足的過程，比最後勝負結果還要來得重要。例如：參加營隊活動小隊呼的競賽、火車開、蘿蔔蹲等多樣化的團康遊戲。

㈣體能活動：其規則可有可無，因人而異。泛指參與者一切和身體活動有關，透過較劇烈的行動，來達到放鬆身心的自我滿足效果。例如：健身的鍛鍊、運動員對體育競賽的訓練、到戶外打羽毛球、學生的打球活動等皆是。

㈤體育競賽：透過既定的硬性規則，有裁判、有訓練的方式，讓參與

者能夠遵守並且追求勝利的目標。競賽之後，讓身體由緊張進而進入鬆弛的感覺，可以達到體能鍛鍊上的強烈自我滿足感之外；其中觀眾的掌聲鼓勵，更加深對自我滿足的感覺。較為靜態的棋藝競賽有規則，但是沒有太多的身體動作，也算是競賽之一。例如：奧運的競賽、亞運的競賽、棒球、籃球等職業運動的比賽。

㈥大型盛會：包括慶典、祭典、畢業典禮、婚禮、嘉年華會、地球日、世界環境日、世界濕地日等盛會，都涵蓋其中。

㈦幕後工作：為了個別活動的舉辦，而執行的特殊任務。這些任務從維持既有的現場秩序，到紙上的規劃，以及實際參與行為都涵蓋其中。例如：日常生活的餐廳服務人員的服務工作、辦演唱會的幕後工作人員執行事項、體育競賽裁判人員的行為，都可以涵括其中。

　　有些靜止的生命產生移動現象的抽象行為。例如：一棵樹被風吹得搖搖欲墜，可以形容說，這棵樹開始活動身子了。

Tips　　　　大型活動的英文有一定的差異嗎？

1. 節慶　festival
   Festival de Cannes（坎城影展）
   Festival d'Avignon（亞維儂藝術節）
2. 祭典　ritual
   Ritual Dance（祭舞）
3. 嘉年華會　carnival
   Carnival Phantasm（幻想嘉年華）
   Carnival of the Animals（動物嘉年華）
4. 活動　event
   Event Management（活動管理）
   Earth Day　（地球日）
   World Wetland Day　（世界濕地日）

節慶、祭典、嘉年華是大型的盛會活動

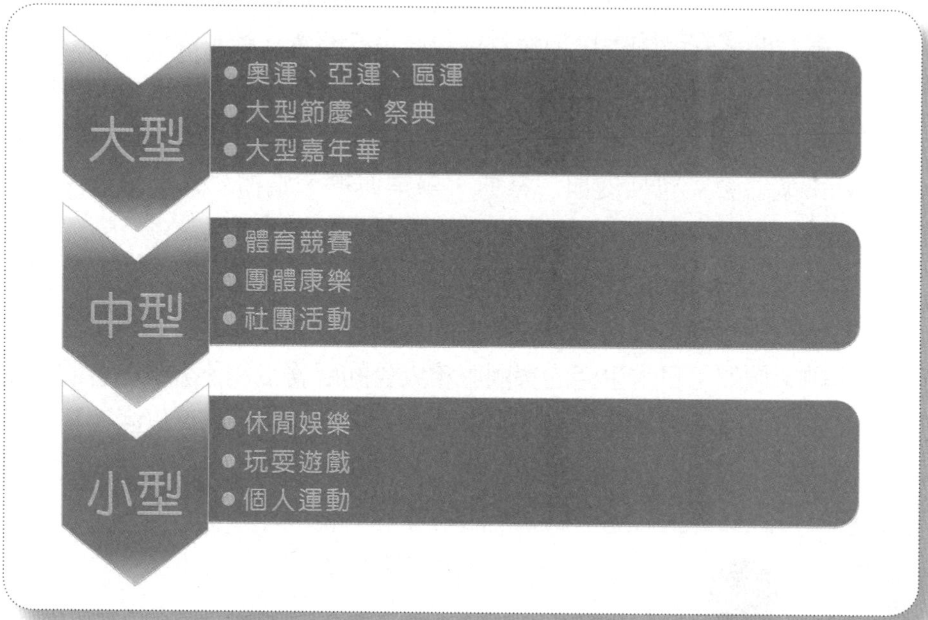

大型
- 奧運、亞運、區運
- 大型節慶、祭典
- 大型嘉年華

中型
- 體育競賽
- 團體康樂
- 社團活動

小型
- 休閒娛樂
- 玩耍遊戲
- 個人運動

▲圖11-1　活動可以區分為大型活動、中型活動、小型活動

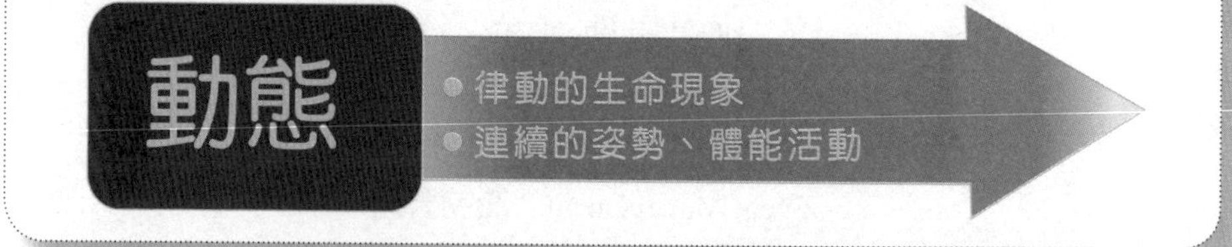

靜態
- 安靜的生命現象
- 靜止的思考、藝能活動

動態
- 律動的生命現象
- 連續的姿勢、體能活動

▲圖11-2　活動分為動態和靜態的活動

▲圖11-3　辦理活動場地請選用綠建築，圖為荷蘭瓦特林根電影院，提供
　　　　　2007年國際景觀生態大會辦理環境活動時使用（方偉達／攝）。

▲圖11-4　內政部營建署舉辦濕地日活動，選在臺北市萬華剝皮寮舉行，圖為
　　　　　前營建署署長為國家重要濕地進行授證儀式，活動規劃流程範例如
　　　　　附錄六（方偉達／攝）。

▲圖11-5　荷蘭瓦特林根以踩高蹺歡度年度節慶（方偉達／攝）。

▲圖11-6 電音三太子出現的盛會活動（方偉達／攝）。

二、舉辦活動需要注意的問題有哪些？

活動要考慮的事項很多

▶▶▶ 辦一場活動需要撰寫企畫書

　　活動的歷史非常悠久，例如宗教靜修、國家慶典、市民聯歡都是屬於大型的活動，其次體育賽事活動、示威遊行、頒獎活動、團康活動，也是大家耳熟能詳的常見活動。

　　不同的活動，因為都涉及到場地、內容、預算、定位，以及和利害

關係人（stakeholder）的公共關係，可以簡單區分爲活動的5P，包括地點（place）、產品（product）、價格（price）、定位（position），以及公共關係（public relations）。這些重要的元素，有諸多不同的議題要處理。

從一開始決定好辦什麼樣的活動之後，要決定好主辦、承辦、協辦，活動主題、內容，參與者、參與方式，以及選擇適當的時間、地點等問題。這些繁瑣的問題，經常沒有標準性的答案。因爲活動就是一個充滿不確定性的議題，也因此在舉辦活動的時候，隨時會充滿不可預測的挑戰。

這時，可以嘗試寫一本活動企畫書。寫企劃書的用意，在於企劃的過程其實是一場腦中模擬的過程。首先，先在腦海中模擬這個活動，將可能會發生的問題想出來，並且書寫下來，從而進行實地模擬，並且預防可能的阻礙。

當活動結束後，也可召開一場活動檢討會。活動檢討會不是批鬥大會，不是在糾正任何參與者的過失，而是透過檢討之後，了解問題所在，以預防下一次的活動再發生同樣的問題。

事實上，活動（activities）和經驗（experiences）是十分友好的朋友。越多的活動經驗，將來辦理活動的過程會越順暢。但也不代表辦理活動的經驗豐富，就會在辦理過程之中，一切過程順心如意、無往不利，這沒有必然的關係。

在活動中，最難以設想到的問題，就是人的問題。怎麼說呢？因爲機器、道具是死的，而人是會動的。如果今天有一個獎勵旅遊的活動，您是總企劃，底下的參與公司員工，卻在旅遊活動中，發生意外，從而導致整個活動失敗。

所以，辦活動最需要注意的問題，就是要經常在腦中進行風險模擬，越多人腦力激盪越好。在活動結束後，共同在一起檢討。這個檢討工作看起來像是很普通的事，但是其實是可以發揮很大的功效。

活動企劃需要透過腦力激盪，由不同的替選方案（alternative）不斷的磨合，才能讓活動在眾人的祝福下，可長可久。

一場成功的活動，不外乎有5P因素

活動要考慮場地適中，開幕時不要擠成一團，要考慮人行動線。

場地

內容

內容是不是吸引參加者？

成功活動

預算

成功的活動要不斷進行協調，建立好公共關係

公共關係

定位

活動定位是否清楚？到底要達到什麼目的？是否促進人與人之間交流的社會效益？

▲圖11-7　5P因素

三、舉辦活動真的很花錢嗎？

有多少錢，做多少事

▶▶▶　辦一場活動需要撰寫企畫書

　　辦理一場活動所產生的價值（value）和價格（price）不同。首先，辦理一場活動需要考慮需要多少成本（cost），手上有多少預算（budget）。有多少錢，做多少事，這是千古不變的真理。然而，舉辦活動真的很花錢嗎？其實是看辦活動格局（pattern）的大小來決定。怎麼說呢？假設要辦一場大型盛會活動，像是臺北聽障奧運會、臺北花卉博覽會

當然會花到大錢；但是，如果讀者只是辦一場小活動，例如和朋友去自助旅遊，相信花費就可能減少很多了。

此外，每一場活動的性質都不一樣。要如何的去看待和界定，就是決定會在這個活動，花費多少經費的主要因素。但並非錢花得多，活動就一定成功；錢花得少，活動就一定就失敗。錢的多寡不能決定一個活動的成功與失敗的。

那麼，到底會不會花很多預算呢？這要看每位辦活動的主辦人依據自身的能力來取捨。預算可以多，也可以少，多的話可以辦得很氣派；少的話，也可以辦得很精緻。所以，並非一定要花大錢，才能夠辦活動。但是，在學校辦活動，至少基本的誤餐費要支付給參加的同學。現今的活動發展趨勢雖然說「天下沒有白吃的午餐」（free rider），但是會來參加活動的人也要花費相當的時間來參與，他們的機會成本（opportunity cost）通常也要計算下去，所以說，請一頓午餐也是對於參與同學及夥伴的尊重。希望每個舉辦活動者，都能運用有限的預算，辦到最好的活動。

辦活動需要訂定成本預算項目

辦理活動的成本預算，需要事先編列：

㈠確定活動的總預算。

㈡確定分項活動的預算。

㈢確定分項活動預算的完成時間。

㈣避免因為活動時間延宕，造成經費透支，以及不必要的經費支出。

辦一場收費的活動，要注意每一單元的銷售，至少能夠支付固定成本和變動成本，以能獲得盈餘，並能提供回饋計畫。

替選
方案1

替選
方案2

原有企劃
（修正版）

大海不擇細流，故能成其大，一個企劃書經過
不斷地改正，融入不同的替選方案，並且進行
淬鍊，會修正得越來越好。

▲圖11-8　企劃必需容納替選方案

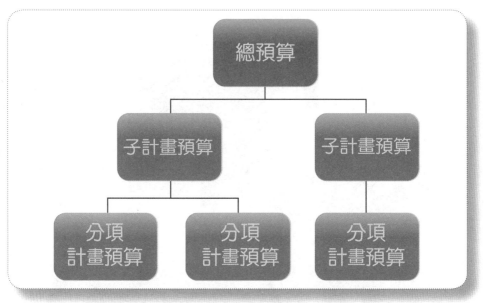

▲圖11-9　許多大型的活動，其預算結構會區分為許多子計畫，而由這些子計畫，也可區分為分項計畫的預算

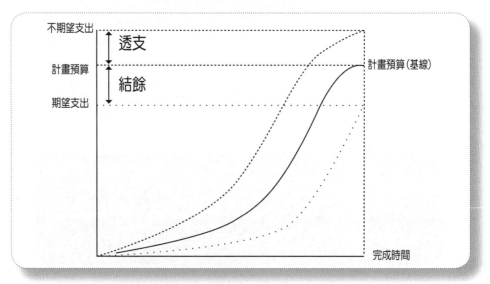

▲圖11-10　活動支出和時間的關係

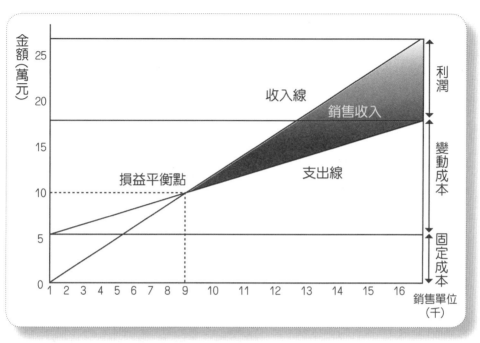

▲圖11-11　活動損益平衡和利潤的關係

四、政府可以提供活動補助經費嗎？

寫一本好的企劃書，可以向政府申請經費

▶▶▶　政府預算有限，需要撙節經費使用

　　政府有許多委辦計畫，在辦理推廣服務和人才培訓的活動，都算是可以上網查看的計畫。這些計畫，多數需要上網招標，以符合政府採購法的規定。通常委辦計畫是委託大專院校、研究機構、團體或個人進行，通常經費比較充裕，有些大型的活動計畫從數十萬元新臺幣到數百萬，甚至數千萬元新臺幣不等。但是都必需要在競標時，備有立案證書、法人證書、信用證明、無欠稅證明，甚至要預先繳付押金，來保證活動可以如期完

成。

　　一般來說，政府可以自辦活動。但是一場大型的活動相當耗費人力，所以不管是中央政府或是地方政府，在年度預算編列的時候，都會編一些委辦費，以提供學校單位和民間社團承辦這些業務。

　　此外，爲了獎補助民間社團推動活動，例如：環保活動、文化活動、青年志工活動、觀光推廣活動、外交推廣活動、社會教育活動、美術宣導活動、音樂演場活動，政府機關會編列補助款，補助學校單位及民間社團辦理大大小小的年度活動，但是這些補助款的額度相當有限，通常在3～5萬元新臺幣左右，很少超過10萬元，而且核銷嚴格，需要專款專用，以下是申請補助款項及核銷撥款的程序。

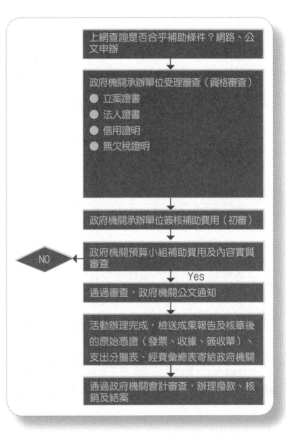

▲圖11-12　政府補助活動案流程楼

政府補助預算有時候是杯水車薪，還是要自籌大部分的活動經費

　　依據政府採購法，以公開的方式，標到政府機關委託的大型活動案子，通常從簽約日期開始起算會分爲四期撥款，簽約時政府撥付第一期款，期中報告核准時，政府撥付第二期款；期末報告核准時政府撥付第三

期款：結案報告核准時，政府撥付第四期款。

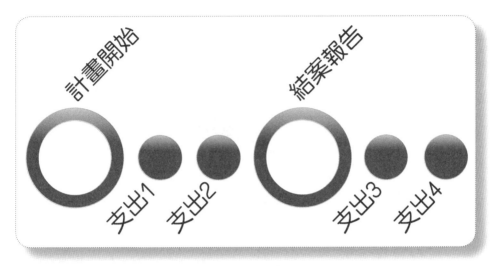

▲圖11-13　政府委辦大型活動分四期撥款

　　政府補助款非常的有限，我們以舉辦一場公益義賣活動為範例。假如政府願意補助這場義賣活動印刷費5萬元，則原來主辦單位預計支出的固定成本5萬元可以撙節。但是這場義賣活動要打平的話，需要賣出9,000個義賣產品，才能達到損益平衡點10萬元。扣掉政府補貼的5萬元，需要另外賺5萬元，才能打平成本。在這裡，我們還不算人事成本，所以這一場義賣活動，各位志工要好好地加加油囉！

專題
講座

提升會展活動實踐力講座 11
活動規劃的SOP

　　舉辦一場活動，需要鉅細靡遺地思考可能會發展的狀況。從經費申請、籌措、物資調度、人員安排，都需要活動規畫者盡心盡力設法解決。簡單來說，一場綜合型的活動不外乎從場地、餐飲、住宿、旅遊這

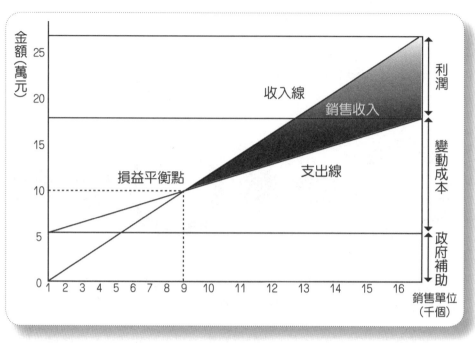

▲圖11-14　政府補助活動損益平衡的關係

四方面著手進行。

1.場地

場地（venue）的安排和設計是決定活動成敗很重要的因素。活動能否順利地舉辦，很重要的原因在於活動前場地的勘查，如果能找到一個相當不錯的場地，並且加以熟悉場地環境，根據不同活動場地替選方案進行斟酌，那麼在未來舉辦活動的策略上，將有事半功倍的功效。

在室內的場地中，因為礙於既有的室內建築隔間，有較大的場地限制。但也正因為如此，比較容易進行場地和人員互動的設計。最重要的是，在於規劃人員的出入動線，要能達到進出時順暢的動線，在活動服務台方面，通常要設在出入口的明顯地區。

在戶外場地方面，比較室內環境受到建築隔間及大小的影響，戶

外場地有著較多的自由空間，需要分析何處爲集合場地？是否有夜間燈光？亮度如何？戶外是否有插座、電線和延長線？有無營火場地？營火場地多大？是否可以野炊？草地可否踐踏？地勢是否平坦？營地排水狀況如何？醫療設備是否足夠？是否有人群疏散方向？有無其他營隊及遊客干擾？應如何協調？是否有先頭部隊先行探路？探勘時間爲何？是否有勘查圖？以上的問題，都必需先進行釐清。

2. 宴會

俗話說：「人是鐵，飯是鋼」。在我國的習俗中，辦活動包括請客吃飯。一場活動如果超過了吃飯時間，而沒有準備客人的餐飲（food & beverage），將是一件非常失禮的事，同時也會造成整體活動的嚴重瑕疵。在餐飲中，包含戶外和室內的餐飲。戶外的餐飲，可以用戶外辦桌、自助餐、便當、烤肉的方式進行。室內的餐飲，可以在飯店、餐廳、大會堂舉行早餐會報、午宴或是晚宴，例如迎新、送舊、惜別、謝師、尾牙、結婚、公司聚餐等宴會。

這些宴會常會安排歌唱表演活動。有些公司的尾牙宴會，委託給活動行銷公司企劃執行，並發包給飯店進行外燴的服務。活動行銷公司負責宴會的量身訂做產品，從場地布置、燈光音效安排，到菜色建議，都是負責範圍。宴會企劃（banquet planner）主要是要保持與餐飲單位及宴會會場的溝通，以及對於產品的熟悉度和餐飲市場動態的了解。因此，與其稱之爲企劃，不如稱爲宴會業務人員比較合適。在充實專業知識方面，必需了解及確認宴會執行的流程和細節，爲客人安排下列順暢的宴會活動：

(1) 主題確認
(2) 時間確認
(3) 場地確認
(4) 企畫書的製作
(5) 大型場地裝潢發包
(6) 確認桌菜的外包餐廳
(7) 主持人、表演節目的設定
(8) 活動前的場地布置
(9) 燈光音響
(10) 菜色安排

3.住宿

住宿（accommodation）是過夜活動所必需安排的事項。住宿的考量，成爲主辦單位辦理兩天一夜以上的活動相當重要的考慮因素。在臺灣，住宿的Hotel稱爲「飯店」、「旅館」，在中國大陸稱爲「酒店」。當然住宿也可以在學校實習旅館、旅社、青年活動中心、民宿、露營區等地點舉辦。有的室內住宿考量較多，包括電話、傳眞、網路、冷熱飲水機、會議室、麥克風、供應部、健身中心、沐浴等設施。但是基本上，住宿多半要具備下列要件：

(1)需提供活動參與者的住宿及早餐。

(2)設施完善，符合水準，並擁有政府機關核發執照。

(3)要爲活動參與者提供房價所包含的網路、商務、視聽、娛樂、休憩及運動的設施。

(4)具備可以溝通國語、臺語、客語等語言的服務人員，介紹周邊好吃好玩的景點。

(5)協助活動參與者順利抵達活動現場。

4.旅遊

旅遊（travel）活動是一個非常輕鬆的活動方式。可以選擇性的設計一個路線圖，讓自己和朋友玩得比較有計畫，當然也可以很隨興地走到哪玩到哪。以一般旅行團來說，都是要設計旅遊路線圖的。對旅行社來說，設計路線圖，某種程度上是爲了對活動參與者有所交代，讓參與者知道戶外活動路線。相對的，參與者也藉由路線圖了解活動行程。參與者在取得路線圖後，會開始查詢。在查詢這些路線圖上的景點時，除了對當地有初步的了解之外，也會在腦海中瀏覽一遍，等到實際參加活動的時後，可以留下深刻的印象。

現在工商社會，在旅遊活動所談到的自由行、背包客已逐漸成爲

主流。對於這些參與者，其實安排活動已有很大的選擇空間。安排自由行的旅遊活動，可以計畫性地到處去遊玩；當然，也可以走到哪玩到哪，而後者也是背包客較常見的旅遊方式。相較於自由行，很多時候都是有目的地性的遊玩，在時間考量及限制的狀況下，自然就會搭配規劃性的旅遊方式。

在規劃設計路線圖的時候，務必要注意時間上的掌握，行程不能拉得太遠，否則造成大好時間在車上空度的情形，反而造成反效果。除此之外，切忌走回頭路。舉辦一場旅行活動，所要看得地方都必需要不一樣，以免造成旅遊資源的浪費。

本 章 題 組

（　）1. 一場活動在財務規劃中需要注意下列那些事項？　⑴ 考慮執行時間；⑵ 需要專款專用；⑶ 帳目清晰明確；⑷ 預算和決算需要完全相同；⑸ 保留原始憑證；⑹ 自訂項目報帳；⑺ 不考慮回饋計畫。　(A) 2345　(B) 2367　(C) 2357　(D) 1235。

　　　題解：一場活動在財務規劃中需要注意下列事項：考慮執行時間、需要專款專用、帳目清晰明確、保留原始憑證；而預算和決算不一定完全相同，但是不可以自訂項目報帳，也需要考慮回饋計畫。所以答案是(D)。

（　）2. 活動促進人與人之間交流的效益為：　(A) 政治效益　(B) 文化效益　(C) 經濟效益　(D) 社會效益。

　　　題解：活動促進人與人之間交流的效益主要為社會效益，所以答案是(D)。

（　）3. 目前全球許多會議與展覽都希望以國際活動進行定位，所以獲得國際組織的青睞而舉辦國際會議，這將是一項：　(A) 挑戰　(B) 負擔　(C) 危機　(D) 包袱。

　　　題解：目前全球許多會議與展覽都希望以國際活動進行定位，所以獲得國際組織的青睞而舉辦國際會議，這將是一項

挑戰。**所以答案是** (A)。

(　　) 4. 一般活動的開幕場地為了不要影響大會人群的動線，常會規劃
於： (A) 較偏僻的場所　(B) 活動最精華區　(C) 廁所旁　(D) 出
口處。

題解：一般活動的開幕場地為了不要影響大會人群的動線，常
會規劃於較偏僻的場所，**所以答案為** (A)。

(　　) 5. 會展活動爭取贊助廠商的最主要目的是為了： (A) 媒體報導
(B) 會展觀眾　(C) 指導單位　(D) 額外的資源供給。

題解：活動爭取贊助廠商的最主要目的是為了額外的資源供
給，**所以答案是** (D)。

第十二章　活動如何籌劃？

一、大型活動如何籌劃？

二、旅遊活動如何籌劃？

三、節慶活動如何籌劃？

四、比賽活動如何籌劃？

五、畢業典禮如何籌劃？

六、園遊會如何籌劃？

七、演唱會如何籌劃？

八、婚禮如何籌劃？

 專題講座　提升會展活動實踐力講座 12

整體活動評估

本章題組

一、大型活動如何籌劃？

大型活動的籌劃，需要不同專業的人士共同參與

▶▶▶ 政府統籌大型活動的補助，目的在提升國際觀光

　　隨著地球村時代的到來，國際性、地區性及各類的大型活動越來越多。這些活動（event）指的是特殊的活動（special event），例如說超大型活動（mega event），包含了奧林匹克運動會、世界運動會、國際博覽會等舉世矚目的盛會。

　　這些大型盛會已經逐漸成為國際間交流和國家機器宣傳的重要手段和媒介。因此，大型活動項目的策劃、組織、管理和實施也就理所當然地成為政府、企業都必須面臨的一場考驗和課題。

　　以地方活動而言，每一家公司企業多多少少都會有動輒上千人的年終尾牙活動。這些大型活動應該要如何辦理呢？基本上，每一場大型活動是沒有所謂的標準作業流程（SOP），但是下列的流程是一定要進行的。

　　首先，每一場大型活動必需進行活動企劃書的撰寫，包含了下列單元：

　　㈠經費預算的成本控制

　　㈡時間流程的安排

　　㈢場地應該如何布置

　　㈣動線應該如何規劃

　　㈤舉辦宣傳記者會、介紹會

　　㈥刊登廣告、電子新聞、平面媒體

　　㈦後勤人員的安排

　　以上每一個單元環節的管理，都是非常重要的步驟。最後在完成經費核銷及成果評估及檢討之後，應該撰寫及出版一本成果報告書，以為全部過程的總結報告。

一場大型活動每一個項目及單元的執行，就是在邁向目標的總體過程。這些過程不再是構思一個企畫而已，而是如何讓這些企畫具體實現，並且邁向預期的目標。現代社會隨著活動產業的成熟和發展，活動從籌畫到執行的標準化作業，將是未來辦理活動的新趨勢。

▲圖12-1　大型活動的流程

二、旅遊活動如何籌劃？

旅遊活動的籌劃，需要觀光專業的人士共同參與

▶▶▶ 旅遊活動要考慮交通、地點、住宿的安排

　　什麼是旅遊（tourism）呢？在西方旅遊的字彙中，英語旅遊（tourism）的字源，是來自於拉丁文的tornare，意思是返回原點的一種圓形移動的軌跡。旅遊的英文又稱為是tour，也可以稱為travel。

　　在漫長的人類歷史中，旅遊可以說是一種相當複雜的動態過程，牽涉到了人類經濟、社會、文化、地理、歷史及法律等相關社會領域的活動。旅遊可說是人類由農業社會進入工商及服務業社會的指標之一。近年來，旅遊活動成為時下非常夯的產業之一。當您想為周遭的三五好友，辦一場旅遊時，應該如何去進行規劃呢？

一場大型活動，沒有固定的SOP

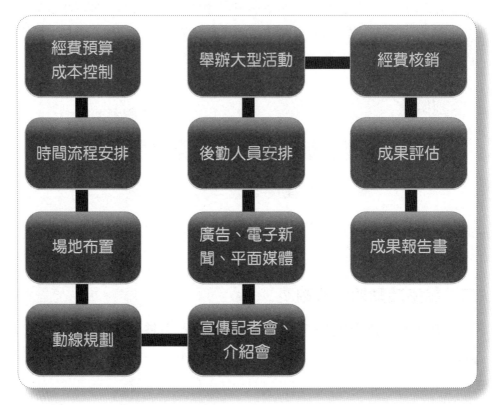

▲圖12-2　大型活動的細部流程

首先，我們必需要先弄清楚幾件事，就是規劃旅遊行程時，應該考慮下列事項：

㈠確定策劃主題

1.確定旅遊規劃的主題：隨規劃區內環境的變化，例如：季節時令的不同，以及旅遊者類別和偏好而有安排上的差異。

2.界定策劃主題的範圍：規劃區內的史地、自然景觀、人文景觀、農特產品和人類文化等。

▲圖12-3　舉辦大型活動的考量因素

3.選擇主題考慮的原則：

　　⑴旅遊者可能感到有興趣的內容；

　　⑵旅遊者可能想知道的內容；

　　⑶旅遊者必需知道的內容等。

㈡掌握旅遊者對象

　1.了解歷年來旅遊者結構的變化 。

　2.了解旅遊者不同的背景、年齡、教育程度及職業背景的興趣和需
　　求。

　3.學習旅遊心理學、旅遊地理學和旅遊社會學，以掌握社會大眾對
　　於旅遊的心理，和社會大眾對於旅遊普遍及特殊的偏好、認知和
　　行為。

在確定主題、對象、組團方式、策劃類型之後，進而安排一個精彩的旅遊團，包括安排交通方式、旅遊景點的安排與接洽、旅運交通的規劃、住宿地的安排與接洽，以及旅遊導覽的安排。

三、節慶活動如何籌劃？

舉辦節慶活動是地方政府招睞觀光客的方式之一

▶▶▶ 政府可以發展台灣為「節慶之島」為推動觀光的目標

節慶是中華文化中，依據時令循環的節日根源，同時也賦予了時代新的意涵。從古代中華文化到現代的臺灣，節慶活動和老百姓的生產、生活和生命，有著緊密連結的關係。

節慶這個名詞，包含了傳統節慶和現代「造節」活動。有些造節活動透過傳統節慶，賦予了新的節日意義，發展成「節」（festival）和「會」（fair）的概念，通過和市集、廟會、展售、展覽等活動連結的方式，發展成為地方性及全國性的大活動（event）。

這些活動根據了傳統民俗慶典活動、地方新興產業觀光活動、運動競技活動、商業博覽活動，以及其他特殊項目活動而形成。我們知道，節慶活動是成長最快速的觀光趨勢之一。依據交通部觀光局統計資料顯示，十年來經常舉辦的節慶活動估計有90個以上；實際上，地方型觀光節慶活動應在1,300個以上。相較於中國大陸動輒舉辦5,000個節慶活動，臺灣發展「節慶之島」，還有許多發展的空間。廣義的節慶包括：

　㈠傳統節慶（festival）：主要是源自於當地特別的風土文化節慶。例如：臺南的鹽水蜂炮、宜蘭頭城的搶孤等。

　㈡特殊活動（special event）：針對特定主題所舉辦的一個慶祝儀式。例如：貢寮的海洋音樂祭、墾丁的春天吶喊等。

▲ 圖12-4 旅遊活動的流程

辦理旅遊活動確定旅遊者的需求

▲ 圖12-5 舉辦旅遊活動的考量因素

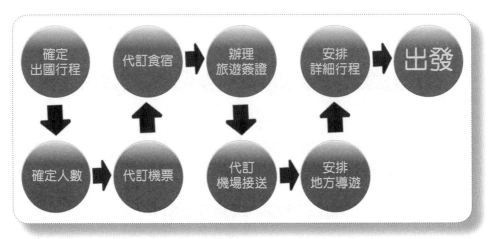

▲ 圖12-6　舉辦國外旅遊的籌備流程

Tips

什麼是獎勵旅遊（incentive travel）活動？

　　獎勵旅遊是現代企業鼓勵員工提振士氣的一種方式，過去企業對於員工的獎勵方式，包括股票、期貨、帶薪休假、晉升、年終獎金等，但是近年來有更多的企業以獎勵旅遊來提高員工的生產力；甚至舉辦出國旅遊，藉以凝聚員工向心力，並且開拓員工的國際視野。

　　根據統計，全球國際航線有50%的旅客是會展旅遊者。近年來，推動獎勵旅遊的廠商多為直銷、製藥、保險等行業的企業。例如中國大陸到臺灣帶來上億元新臺幣商機的安麗旅遊團，就是獎勵旅遊的一種。依據從業者的角度來看，舉辦獎勵旅遊有下列6R的利益，包括了Revenue, Reputation, Responsiveness, Repeatness, Morale, C. P. HR（Certified Human Resources Professional）。

節慶是民眾表達情感的一種方式，並且帶來豐富的觀光效益。提供了民眾消費的機會，並且增加地方就業機會，同時提升當地的品牌知名度，增加地方的文化內涵。我們以逢年過節的廟會活動來進行籌劃：

1. 主題的設定
2. 地點的位置
3. 活動的天數
4. 廠商招標、企劃
5. 吸引人潮的方式
6. 宣傳的方式
7. 雨天的備案
8. 交通動線的安排
9. 器材的借用
10. 活動前的市場反應調查
11. 活動舞臺的裝潢方式、地點
12. 活動後的評估事項

民俗節慶帶動地方產業發展

節慶安排的流程

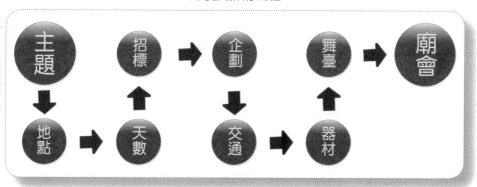

▲圖12-7　舉辦廟會的籌備流程

節慶安排的規劃要項

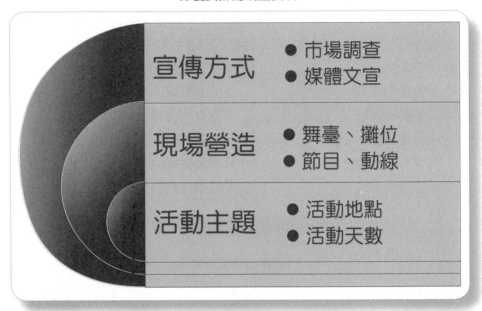

宣傳方式　● 市場調查　● 媒體文宣

現場營造　● 舞臺、攤位　● 節目、動線

活動主題　● 活動地點　● 活動天數

▲圖12-8　舉辦節慶的規劃考量因素

四、比賽活動如何籌劃？

比賽活動源自於古老的運動賽事

▶▶▶　比賽活動為一種體能和毅力的競技

　　比賽活動最開始可能是由戰爭衍生而來的，是最古老的人類活動之一。最著名的比賽可以追溯到古希臘時代的奧林匹克運動會，甚至於更古早時代的決鬥。

　　比賽的定義，是由一群相關領域的競爭者，為了參與一項運動、賽事或是娛樂，而舉辦的活動。為了公平起見，競賽分為2場或是2場以上的賽程，在相同的時段或是場地舉行。

比賽活動都有勝負結果，決定勝負的原則，是採取優勝劣敗的方式。比賽依據不同活動選拔的內容，以創意、內容、技巧、才藝、美貌、體力、智商、速度、記憶和運氣等評分標準，進行評定。比賽可以區分爲靜態的活動，例如：智力競賽、學科競賽、才藝競賽、選美競賽、有獎徵答；以及動態體育競賽等賽事。體育賽事非常重要。大型體育賽事可以吸引到許多遊客及媒體。當然，體育賽事也就成爲了政府推動觀光的旅遊活動行程之一了。

體育活動在西方國家非常地發達，從NBA、MLB，到歐洲的世足，掀起的風潮持久不衰，所帶來的經濟效益更是龐大無比。很多人認爲，過去在臺灣最常見的戶外比賽就是棒球比賽活動了。現在大專生族群中，針對體育比賽的關注程度，更是爲校際之間爭取最高榮譽，掀起激烈競爭的高潮。在企業界，也有很多的體育活動，但是不一定是體育競賽，通常是一種運動會的方式，讓員工可以帶著小孩同樂的團體活動。

籌備一場比賽，需要進行下列事項：

1.場地的選擇
2.比賽項目的規劃
3.賽程的安排
4.賽制的訂定
5.時間的宣布
6.正式比賽

當然其中的細節，像是場地的接洽、工作人員的調度、額外加強的趣味活動，例如：舉辦賽後慶功邀請演藝人員表演以吸引人潮等，諸如此類的細節，需要特別安排。

▲圖12-9　運動賽事的心理分析

賽事活動可以振奮人心

　　特別強調賽程及賽制的安排，常常決定一個比賽活動的成敗與否。越是受到歡迎的精彩比賽，越是要放在最後面，進行終極勝負的決賽。

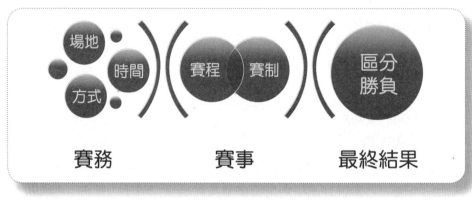

▲圖12-10　比賽活動的流程

Tips

比賽活動的種類有哪些？

1. 智力競賽：常識問答、機智問答、反應問答。
2. 學科競賽：國語文、外國語、數學、物理、化學、生物、地理、歷史等學科競賽活動。
3. 才藝競賽：寫作、教學、橋牌、圍棋、象棋、麻將、美術（國畫、西畫、漫畫、寫生、素描、插畫）、書法、雕刻、歌唱、音樂創作、樂器表演、魔術表演、勞作、烹飪、家事、演講、朗讀、表演、劇場、模仿、舞蹈、攝影、花藝、建築、景觀、賞鳥（認鳥）、農產品（茶葉、飲料、水果、稻米、蔬菜、花卉栽培）、室內設計、工藝設計、機具設計、產品設計（遙控機、機器人、電腦晶片產品、數位產品）、行銷設計、遊程規劃等競賽活動。
4. 體育競賽：民俗迎神賽會、球賽、競走、跑步、游泳、跳水、滑板、滑雪、溜冰、賽車（汽車、機車、越野車、自行車）、航行（飛機、滑翔機、拖曳傘）、馬術、賽馬、賽狗、賽船（滑水、風帆、機動船、獨木舟）、馬拉松賽、奧林匹克競賽等各種陸上及水上的體育活動。
5. 選美競賽：世界小姐（先生）、環球小姐（先生）、中國小姐、臺灣小姐及以行銷、購物、宣傳、觀光為主題的國內外選美活動。
6. 有獎徵答：現場徵答、call in徵答、call out徵答、回函徵答、網路徵答、電話徵答、廣播徵答、路邊意見調查徵答等。

五、畢業典禮如何籌劃？

畢業典禮的籌劃，不亞於一場校外盛宴

▶▶▶ 畢業典禮的結束，是另外一層學習階段的開始

　　從小到大，從幼稚園到大學畢業，學校都會舉辦畢業典禮。可見一場畢業典禮對臺灣年輕人的影響。畢業典禮的意義，不僅僅是代表一個階段的學習結束，更是邁向另外一個學習階段的開始。但是，我們從小到大的畢業典禮儀式，大都一成不變，這是很可惜的事。當然，也會特別看到新聞媒體到了6月鳳凰花開的畢業季節，又會報導說某某學校在這次的畢業典禮，進行搞怪突破、顛覆傳統的畢業典禮。觀察臺灣各校的畢業典禮，有的非常有創意，也有的走傳統風格。例如說國立高雄餐旅大學就會循著古禮，畢業生在師長前行跪拜禮，非常具有特色。畢業典禮大致的流程如下：

1.典禮開始	11.家長會長致詞
2.畢業生進場	12.來賓致詞
3.全體肅立	13.畢業生導師致祝福詞
4.主席就位	14.在校生致歡送詞
5.唱國歌	15.畢業生致謝詞
6.向國旗暨　國父遺像行三鞠躬禮	16.唱畢業歌
7.介紹長官、貴賓	17.唱校歌
8.頒發畢業證書	18.禮成
9.頒獎	19.畢業生退場
10.校長致詞	

　　為了保持現場的莊嚴隆重，一般會限制家長進出，以免造成人多混亂，阻礙活動進行。而在開始前的籌劃，包含司儀的致詞稿、贈送畢業生禮物、撥放的畢業歌曲、還有在校生安排的特殊行程，這些流程安排都必需花一些心思籌劃，仔細地模擬綵排。現場由於畢業生和家長相當興奮，會場很容易呈現混亂難以控制的狀況。

畢業典禮通常臺上講得扣沫橫飛，臺下都會亂哄哄的

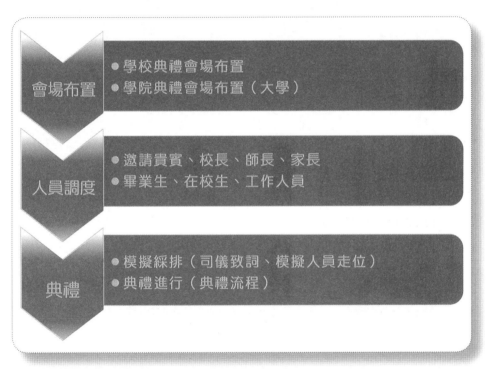

▲圖12-11　舉辦畢業典禮的規劃的考量因素

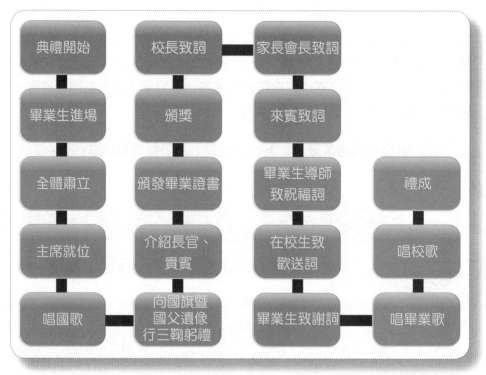

▲圖12-12　畢業典禮的流程

六、園遊會如何籌劃？

園遊會的籌劃，是一場地區餐飲和遊戲的集成

▶▶▶ 園遊會邀集社團擺放臨時性攤位

　　園遊會是以戶外活動舉辦的型態，邀集社團或是廠商搭建臨時性攤位，販售地區餐飲和遊戲的創意表現。一般人對園遊會的概念，大概停留在小學、中學、大學的學校園遊會活動。其中家長和學生在其中穿梭遊玩，通常見於學校校慶時舉行。

　　在臺灣，一般企業辦理員工運動會時，也會找外包廠商舉辦熱鬧的園遊會。其中設立非常多的攤位，有吃、有喝，也有玩。但是，舉辦一場園遊會活動，一開始應該如何下手籌備呢？

　　和所有活動一樣，辦一場園遊會要先解決的議題就是地點，然後確定時間，再來就是辦理招商或是邀集社團舉辦活動。例如說告知餐飲工會前來協助招商，在一般學校場地或是體育場、公園舉辦，也可以經過管轄單位核准之後，在網站上公告園遊會舉辦的訊息。

　　在活動前一天，就要先進行場地布置，包含了舞臺及臨時性帳棚的搭建。在活動前一天或是當天活動開始之前，提前要將所有舞臺活動進行綵排。綵排無非是讓活動進行得更順暢。然後，在學校校園臨時性攤位工作人員的安排上，其中以遊戲關卡的關主設置最為重要。在園區中，針對參觀人潮動線的場控，臨時性醫療設施、以及節目主持人的角色扮演，以及現場服務人員的安排，也是值得費心思量的。此外，園遊會還必需要預備雨天備場的方案。要減少臨時狀況的發生，在活動前要多做一些綵排活動了。

園遊會不以營利為目的，而是以聯誼為目的活動

報名　●餐飲(用電/不用電)　●遊戲(用電/不用電)　場布　●搭建帳篷　●現場布置　調度　●當日販售　●當日交通

▲圖12-13　園遊會籌備的流程

校園園遊會的設計

1. 攤位設計：以聯誼性、益智性、娛樂性攤位設計為主。每個攤位分別賦予一個號碼，區分為販售區/用電、販售區／不用電、遊戲區/用電、遊戲區／不用電，以利統一管理用電量。其中販售區餐飲以點心類、冷飲類為主；遊戲區以民俗類、遊樂類為主。不得設置賭博性、毒品類，以及妨礙風化等違背風序良俗的活動。
2. 攤位申請：參展單位填妥申請表報名申請。
3. 交易方式：採現金交易或是園遊券交易。主辦單位提供攤位帳棚、校園場布、簡易醫療設施。參展單位販售及搭建成本自行吸收。

七、演唱會如何籌劃？

演唱會不同於音樂會或演奏會

▶▶▶ 演唱會可以容納通俗的演出活動

演唱會是指在觀眾前的現場表演的歌唱活動，通常搭配音樂的表演。演唱會不同於音樂會或是演奏會，單純表現音樂的音色，而是以歌曲表現的方式，以讓聽眾聆聽欣賞。演唱會一般稱為秀（show），舉辦的地點例如：戶外劇場、演藝廳、夜總會、音樂廳、體育館、西餐廳，以及多功能的表演舞臺舉行。在唱片、錄音帶和CD還不普及的時候，演場會是聽眾唯一聽到演唱者的歌聲。

一場現代化的演唱會，通常以巡迴的方式進行，以節省舞臺、運輸、廣告、人事成本。演唱會企劃書的撰寫，成為演唱者經紀人推出最新表演

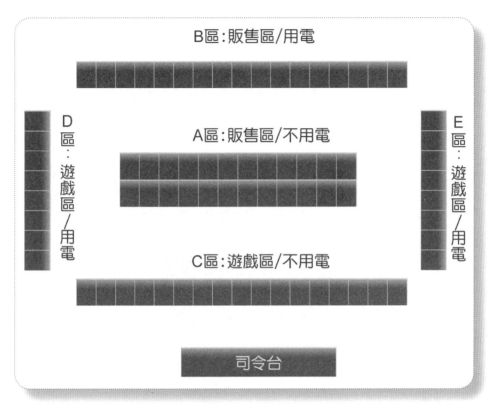

B區：販售區/用電

A區：販售區/不用電

D區：遊戲區/用電

E區：遊戲區/用電

C區：遊戲區/不用電

司令台

▲圖12-14　園遊會攤位布置圖

的依據。企劃書種類眾多，依據演唱會的形式而定。首先必需界定舉辦性質，撰寫大綱如下：

　　1.企劃主旨（目的）

　　2.實施的方向與評估

　　3.執行概要，活動場地、日期、演唱會形式、實施方法等

　　4.活動負責人（參演活動人員）

　　5.宣傳活動詳細內容和所需經費

　　6.附件

演唱會區分為一般演唱會及國際知名巨星演唱會園遊會，在舉辦性質

攤位設計分區圖及檢核表

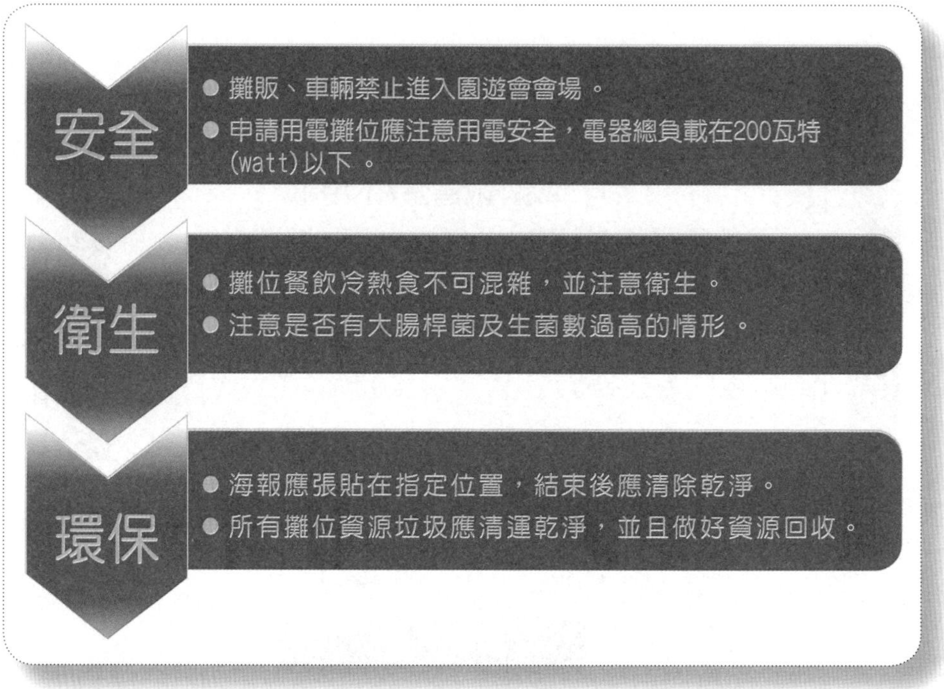

安全
- 攤販、車輛禁止進入園遊會會場。
- 申請用電攤位應注意用電安全，電器總負載在200瓦特(watt)以下。

衛生
- 攤位餐飲冷熱食不可混雜，並注意衛生。
- 注意是否有大腸桿菌及生菌數過高的情形。

環保
- 海報應張貼在指定位置，結束後應清除乾淨。
- 所有攤位資源垃圾應清運乾淨，並且做好資源回收。

▲圖12-15　園遊會攤位檢核流程

方面，也有公開銷售票券、贊助義演，以行銷商品搭配的演唱活動。舉辦單位包括公益團體、學校單位、專業音樂團體、企業團體等。

　　如果是針對某明星的個人專屬演唱會，會配合較為長期宣傳的宣傳活動。因此，個人演唱會的宣傳期會比公益演唱會的宣傳期來得長。確認好明星演場時間之後，要確認好場地的舞臺搭建、燈光照明、音響設備等這些場地的布置工作，這些需要請下包廠商支援，也都必須要在事前就準備就緒。

Tips

校園巡迴演唱會主持人要注意什麼？

在校園舉辦歌星巡迴演唱會，參加的歌唱明星藝人因為趕場作秀，具體的行程通常不太確定，但是為了配合唱片宣傳，演場酬勞價格通常比較低廉。演唱會進行中最擔心的就是藝人是否能夠準時抵達。所以，一個好的主持人，必須要能控制好這些場面。有時如果預定表演時間已經到了，藝人還遲遲不來，這時可以用串場節目先行替代。

售票演唱會區分為一般演唱會及國際知名巨星演唱會

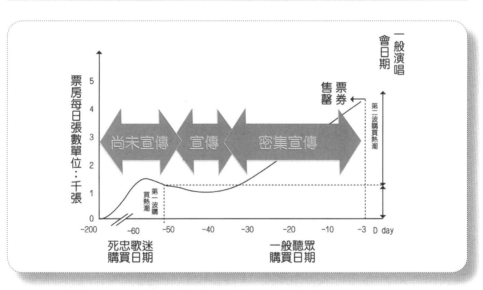

▲圖12-16　一般演唱會宣傳行銷流程

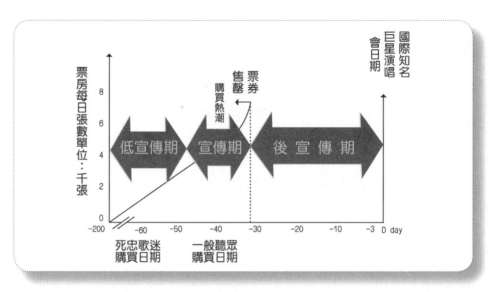

▲圖12-17　國際知名巨星演唱會宣傳行銷流程

八、婚禮如何籌劃？

純西式婚禮可交由婚禮企劃師籌畫

▶▶▶　現代的婚禮常以中式婚俗及西式宴客的方式進行

　　現代的婚禮，已經沒有傳統的包袱，但是融合中西式的婚禮形式，通常在迎親的時候，以中式的古禮進行，並且要選擇良辰吉時完成婚禮。

　　當婚期確立好之後，就是要拍婚紗要挑哪間拍攝的公司、要在什麼時間。然後選辦婚禮的飯店。婚禮程序相當繁瑣。因此婚禮企劃師（wedding planner）是從新人打算結婚開始，就開始進行規劃，包含了訂婚禮服、餐廳、婚紗照、結婚典禮、飯店安排、禮俗諮詢等，直到步入禮堂才大功告成。

　　在婚紗拍照部分，建議先挑選好幾間攝影公司，再進行篩選，並以愉

快的心情在棚內和戶外進行婚紗拍攝工作。接著，依照中式禮俗，分析男女雙方的出生年月日時的沖合喜忌時間，避開不好的時辰，選擇婚宴的良辰吉時，敲定訂婚和結婚的時間。女方負責訂婚請客，男方籌備定聘的聘金，擇期到丈人家提親。訂婚之後，男女雙方以未婚妻和未婚夫相稱。

在籌備婚禮時所要購買的物品，包括傳統婚禮女方所需要的八卦篩（米篩）、帶路雞、喜糖、橘子、甜湯、鞭炮、扇子等物品。

另外，婚禮證婚人是非常重要的，由新娘、新郎、雙方家長（主婚人）認可的證婚人，可以在主持的過程中，介紹新郎和新娘。需要準備給證婚人的宣讀資料，以供準備。通常為了避免冷場，婚禮司儀宜選擇有經驗的人士擔任，以在溫馨和諧的氣氛中，完成新郎和新娘的終身大事。

記住，目前婚禮雖有二人以上的公開儀式，但是目前我國結婚已經採取「登記制度」。民法中規定：「結婚應以書面為之，有二人以上證人之簽名，並應由雙方當事人向戶政機關為結婚之登記。」意思是，結婚不一定需要再舉行公開的結婚儀式，但一定要向鄉（鎮、市、區）公所戶政事務所辦理結婚登記，才算是有法律效力保障的婚姻。

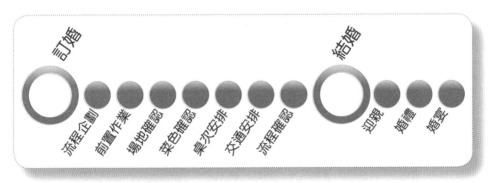

▲圖12-18　結婚籌備流程

傳統婚禮儀式需要注意良辰吉時

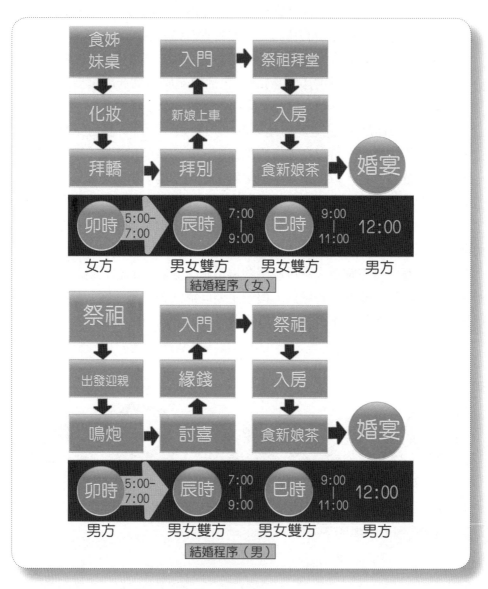

▲圖12-19　男女雙方傳統習俗結婚流程

▲圖12-20 拍攝婚紗照時以愉快的心情入鏡（方偉達／提供）。

▲圖12-21　現代的婚紗照形式活潑大方（方偉達／提供）。

▲圖12-22　大專運動會啦啦隊活動，形成一股校園風潮，圖為中華大學學
　　　　　　生啦啦隊比賽（張博雄／提供）。

▲圖12-23　大專運動會啦啦隊活動充滿了肢體動感，並展現年輕人的朝氣和活力，圖為中華大學學生啦啦隊比賽（張博雄／提供）。

專題講座

提升會展活動實踐力講座 12
整體活動評估

　　在評估整體活動的成敗時，需要考慮的因素很多，尤其在活動結束檢討的時候，常以下列的考量，尤其是運用關鍵績效指標（Key Performance Index, KPI）和目標管理（Management by Objectives, MBO），從管理的目的來看，可以加強組織整體業務指標，強化部門重要工作領域，以及依據個人關鍵任務進行衡量。以下收支平衡、參與者滿意度、場地回復清潔工作，都可以列為辦理活動的評估指標。

1. 活動是否可以達到收支平衡？

　　辦活動的目的雖然不是為了賺錢，但是虧錢的活動則沒有人願意去辦，尤其有許多企業要自負盈虧。但是，要辦理一場賺錢的活動，又何其容易呢？所以在進行規畫、執行時，最重要財務收支平衡的要訣，還是莫過於活動前的精打細算。

　　活動能否達到收支平衡，事實上在考驗企劃之初，有沒有確實製作企劃書的預算，並且有效控管。因為在企劃書的製作過程中，很重要工作在進行經費成本的預算控制。在經過詳細的計算之後，將設備折舊、員工薪資、餐飲費用、住宿費用及稅付金額等有形成本列出，所計算出來的預算規劃及分配數，需要我們進行控管。在規劃過程中，若是慢慢朝向負成長，很有可能必需以滾動式管理的概念，迅速予以改善。舉例來說，目前舉辦一場園遊會，初步得知收支呈現負成長，可能的原因就是人潮不夠踴躍，才會造成買氣受到影響。這時候是不是可以運用較低的預算，多支援一些臨時性的表演，來吸引更多的人潮；或是藉由促銷廣告吸引參與者的前來。

　　以上都是窮則變、變則通的行銷手法，想盡辦法來達到收支平衡。但這些都是紙上談兵的計策，當務之急，還是在於現場的臨機應變，及時處理臨時狀況。但是要如何去處理解決，就必需在活動之前，多思考一些替代方案。

2. 參與者是否都很滿意？

　　參與者的滿意度，是我們辦活動成敗與否的重要因素。在活動中，可以發簡易問卷供民眾填寫，進行統計分析之後，在成果報告書中一併繳交。從參與者的臉龐也可以看出參與者的滿意情形。例如，大部分的參與者在活動過程中都處於歡笑的狀態，那麼想必這個活動絕對是成功的。如果，大部分的參與者都是處於發呆、打呵欠或心不在焉的狀態，那麼這個活動就要特別請節目主持人要儘快想出一些新的勁爆點，以提高現場活動的歡樂氣氛。

　　簡而言之，一個活動的成敗與否，在某種程度上，不要太在意是

否完全符合SOP的所謂標準模式，參與者的滿意度才是決定一個活動的成敗關鍵所在。而除了問卷的調查，很多的臨場反應，還是需要靠敏銳的觀察，臨機應變並進行細部的活動臨場設計。

3.活動場地是否都回復原位？

活動場地是否回復原位，牽涉到參與者個人道德修養與內涵。當一群人出外野營烤肉，烤完肉必需要將現場清理乾淨，並且恢復原狀，這是最基本的禮貌，以及對於大自然和主辦單位的尊重。此外，辦一場大型的活動亦是如此。例如世貿展覽館常見的旅展活動，當活動結束之後，參展廠商屁股拍一拍就走了。但是，空無一物的隔間裝潢，需要裝潢公司進行現場回復，將世貿中心展場恢復原來空曠清潔的狀況，才能讓下一批的使用者進場。

所以，場地的回復，最重要的是要讓這個地方可以繼續使用。讓參展者及使用者養成資源永續，以及親力親為做環保的概念，這是非常重要的。

4.每一次的活動是否都有檢討計畫？

每一場活動結束之後，都會有檢討計畫。檢討計畫是為了要檢查這次活動發生哪些錯誤，進而在下次活動的時候，或是遇到類似的問題的時候，可以好好的加以解決；而不是一而再、再而三地犯錯。

在活動進行前有活動企劃書的撰寫，來模擬活動的進行。首先遇到的問題會優先設想；而在活動結束之後撰寫的成果報告書，也會以專章說明建議事項。其中很重要的部分就是檢討報告章節，檢討內容除了自我惕勵反省之外，也可以提供給他人成為前車之鑑。檢討報告藉由自我反省，精準地省視活動目標是否達到？是否原有規劃流程可以順暢銜接？這是值得花時間去撰寫的部分。辦一場活動雖然辛勞，但也必需要有始有終地去完成整個行程。活動檢討會通常安排在活動結束的當天。也就是說，在活動印象尚未抹滅，也是感想最深刻的時候，就要開始進行檢討。檢討的方式是從活動一開始有無出現問題，一直問到最後的步驟是否合

宜。當然，活動要辦到零缺點幾乎是不可能的，也要努力辦到盡善盡美。其中關鍵，在於是否誠懇提出一份完整檢討及改進計畫報告。

本章題組

( ) 1. 下列何者不是21世紀「三大新經濟產業」？ (A) 會展業 (B) 旅遊業 (C) 房地產業 (D) 股票證券業。

題解：會展業、旅遊業、房地產業是21世紀「三大新經濟產業」，所以答案是(D)。

( ) 2. Pre-conference Tour 指的是： (A) 預覽參觀 (B) 會前旅遊 (C) 會中旅遊 (D) 會後旅遊。

題解：Pre-conference Tour 指的是會前旅遊，所以答案是(B)。

( ) 3. 依據從業者的角度來看，舉辦獎勵旅遊有下列6R的利益，以下何者不是6R？ (A) Revenue, Reputation (B) Responsiveness, Repeatness (C) Morale, C. P. HR（Certified Human Resources Professional） (D) Recycle, Reuse。

題解：依據從業者的角度來看，舉辦獎勵旅遊有下列6R，包括了：Revenue, Reputation, Responsiveness, Repeatness, Morale, C. P. HR（Certified Human Resources Professional）。所以答案是(D)。

( ) 4. 下列何者不是獎勵旅遊用來激勵公司員工，達到公司研議的管理目標？ (A)減少曠職、鼓勵全勤 (B) 提高員工生產力 (C) 降低生產成本 (D) 提高營運成本。

題解：提高營運成本不是獎勵旅遊用來激勵公司員工，達到公司研議的管理目標。所以答案是(D)。

( ) 5. 活動辦理後的設備折舊，可歸類為： (A)有形成本 (B) 無形成本 (C) 有形利益 (D) 無形利益。

題解：設備折舊可歸類為有形成本，所以答案是(A)。

附錄一　國內大型會議場所

　　國際知名飯店都附設國際會議廳，例如：Marriott, Hilton（希爾頓），IHG, Hyatt（君悅），Sasi Park, Wyndham等，目前在臺灣大型會議場所如下表（含飯店會議廳）。

縣市	單位	會議室間數	人數容量	電話	1. ☑國際級觀光飯店。 2. ☑可容納1,000人。
臺北市	臺北國際會議中心	13	3,100	02-27255200	
臺北市	臺北世界貿易中心	4	600	02-27255200	
臺北市	臺北世貿中心南港展覽館	8	512	02-27255200	
臺北市	台大醫院國際會議中心	13	650	02-77240109	
臺北市	臺北小巨蛋	2	15,000	02-25783536	
臺北市	福華國際文教會館	21	728	0800-011068	
臺北市	集思台大會議中心	11	364	02-23635868	
臺北市	國立臺灣科學教育館	6	315	02-66101234	
臺北市	天母會議中心	12	400	02-28762676	
臺北市	圓山大飯店	18	800	02-28868888	
臺北市	晶華酒店	11	1,000	02-25238000	☑
臺北市	臺北君悅大飯店	16	1,200	02-27201234	☑
臺北市	臺北福華大飯店	11	300	02-23267412	
臺北市	臺北喜來登大飯店	12	1,200	02-23215511	☑
臺北市	王朝大酒店	15	1,000	02-27197199	
新竹市	新竹科學園區科技生活館	9	156	03-5631680	
新竹市	新竹國賓大飯店	9	1,000	03-5151111	☑
新竹縣	新竹喜來登大飯店	10	1,200	03-6206000	☑

縣市	單位	會議室間數	人數容量	電話	1.☑國際級觀光飯店。 2.☑可容納1,000人。
臺中市	南山人壽教育訓練中心	41	1,000	04-23891000	
臺中市	臺中長榮桂冠酒店	12	1,000	04-23139988	☑
臺中市	臺中金典酒店	20	1,080	04-23288000	☑
嘉義市	耐斯王子大飯店	5	1,000	05-3107706	
臺南市	臺南長榮桂冠酒店	8	600	06-3373855	
高雄市	蓮潭國際文教會館	17	550	07-3413333	
高雄市	長谷世貿會議中心	7	340	07-3804211	
高雄市	國賓大飯店	8	1,200	07-2115211	☑
高雄市	漢來大飯店	14	1,000	07-2161766	☑
高雄市	金典酒店	6	1,000	07-5661177	☑
高雄市	高雄巨蛋	2	15,000	07-9749888	
宜蘭縣	蘭城晶英酒店	3	1,100	03-9357733	☑
花蓮縣	遠雄悅來大飯店	7	490	03-87863333	

附錄二　國際會展產業認證名稱及單位

認證名稱	認證名稱（英文）	簡寫	認證單位	認證單位（英文）	企業識別系統
社團經理人認證	Certified Association Executive	CAE	美國社團經理人學會	American Society of Association Executives	
目的地管理經理人認證	Certified Destination Management Executive	CDME	國際舉辦會議地點行銷協會	International Association of Convention and Visitors Bureaus (Destination Marketing Association International)	
展覽管理認證	Certified in Exhibition Management	CEM	國際展覽管理協會	International Association for Exhibition Management	

認證 名稱	認證名稱 （英文）	簡寫	認證 單位	認證單位 （英文）	企業識別系統
活動 租賃 專業 人員 認證	Certified Event Rental Professional	CERP	美國 租賃 協會	American Rental Association	
節慶 經理 人認 證	Certified Festival Executive	CFE	國際 節慶 活動 協會	International Festivals and Events Association	
餐旅 行銷 經理 人認 證	Certified Hospitality Marketing Executive	CHME	國際 餐旅 銷售 及行 銷協 會	Hospitality Sales and Marketing Association International	
獎勵 旅遊 經理 人認 證	Certified Incentive Travel Executive	CITE	獎勵 旅遊 及旅 行經 理人 學會	Society of Incentive and Travel Executives	
會議 專業 人員 認證	Certified Meeting Professional	CMP	會議 同業 公會	Convention Industry Council	

認證名稱	認證名稱（英文）	簡寫	認證單位	認證單位（英文）	企業識別系統
會議管理全球認證	Global Certification in Meeting Management	CMM	國際會議專業組織	Meeting Professionals International	
專業餐飲經理認證	Certified Professional Catering Executive	CPCE	全國餐飲業經理人協會	National Association of Catering Executives	
特殊活動專業人員認證	Certified Special Events Professional	CSEP	國際特殊活動學會	International Special Events Society	
目的地管理專業人員認證	Destination Management Certified Professional	DMCP	目的地管理經理人協會	Association of Destination Management Executives	

認證名稱	認證名稱（英文）	簡寫	認證單位	認證單位（英文）	企業識別系統
專業婚禮顧問	Professional Bridal Consultant	PBC	婚禮顧問協會	Association of Bridal Consultants	

附錄三　研討會工作流程

研討會主題確定

研討會邀請講師確定
1. 與委託單位確定研討會之講師名單
2. 各相關講師之約聘工作
3. 國外講師相關連繫事宜

海報、文宣設計製作	學員報名	貴賓名單確定	國內講師講稿整理	國外講師講稿整理
1. 報名表、文宣、海報之設計。 2. 報名表、文宣、海報之印刷。	1. 參與單位與參與人員之函寄。 2. 參與學員名單確定。	1. 與委託單位確定研討會之邀請名單。 2. 貴賓邀請函之寄發。 3. 貴賓參加名單之確定。	1. 國內講師會前溝通。 2. 國內講師講稿整理。	1. 國外講師講稿摘要翻譯及相關資料整理。 2. 國外講師講稿整理理。

研討會講義資料整理
1. 各講師講稿彙整。　2. 背景資料彙整。
3. 各貴賓講稿彙整。　4. 編輯成冊及印刷。

會議當天之籌備工作
1. 工讀生招募及訓練。
2. 學員、主講人、貴賓等名牌及餐券製作。
3. 租借場地確認及確定會場可提供之相關設施。
4. 與各講師洽詢所需之設備。
5. 需要設施、設備之準備與租借。
6. 點心及午餐之預定。
7. 簽名本自行列印，使用粉紅或粉綠紙質較好之紙張。

會議當天之工作
1. 教務組　上課時間控制、接送演講貴賓、教材教具配合使用。
2. 行政組　報到、分發資料、接待來賓、準備茶點、餐點、會場布置與善後處理、機動性處理庶務工作。
3. 紀錄組　文字紀錄、攝影紀錄。

國外講師參觀活動
1. 國外國外講師之食宿安排及來臺行程確定。
2. 國外講師來臺參觀行程之安排。
3. 國外講師來臺參觀之行程連繫。

會議編輯工作

（資料來源：以槃創意設計有限公司，2011）

附錄四　研討會當天工作人員確認表

①8:00-8:30會場布置-內場　主要負責人：＿＿＿＿＿＿＿＿＿＿

　準備物品：電池、laser pointer、電腦x2、計時鈴、錄影機及腳架、相

　機、投影機、電腦、音響、麥克風、燈光測試、計時鈴、錄影機：

　＿＿＿＿＿＿＿＿＿

　掛大旗幟：＿＿＿＿＿＿＿＿＿

②8:00-8:30會場布置-外場　主要負責人：＿＿＿＿＿＿＿＿＿＿

　準備物品：剪刀、膠帶、資料袋內容物、紙杯、簽到表、麥克筆、呼叫

　器、海報板搬運：＿＿＿＿＿＿＿＿

　掛旗幟、海報張貼：＿＿＿＿＿＿＿＿

　報到處桌椅架設：＿＿＿＿＿＿＿＿

　報到處物品準備（NB收檔案用、資料袋內容、收據）：＿＿＿＿＿＿

　茶點桌物品準備（紙杯、垃圾桶塑膠袋、告示）：＿＿＿＿＿＿＿

③8:30-9:00來賓引導-外場　主要負責人：＿＿＿＿＿＿＿＿＿＿

　準備物品：TWS海報看板

　一樓、二樓引導：＿＿＿＿＿＿＿＿

④8:30-9:00報到-外場　主要負責人：＿＿＿＿＿＿＿＿＿＿

　簽到入會單

　確認午餐晚宴、繳錢

　收ppt檔、通知場內人員收檔

　發放資料

　貴賓報名、一般報名

⑤9:00- 會場內部

　音訊控制：＿＿＿＿＿＿＿＿

　電　腦：＿＿＿＿＿＿＿＿

　　燈光控制：＿＿＿＿＿＿

　　拿麥克風：＿＿＿＿＿＿

　　攝影錄影：＿＿＿＿＿＿

　　計時按鈴：＿＿＿＿＿＿

　　機　動：＿＿＿＿＿＿

⑥9:00- 會場外部

　　報到處：＿＿＿＿＿＿

　　茶點準備：＿＿＿＿＿＿

　　便當準備：＿＿＿＿＿＿

　　引導人員：＿＿＿＿＿＿

（資料來源：社團法人台灣濕地學會（Taiwan Wetland Society, TWS）、中央研究院生物多樣性研究中心，2011）（NB：Notebook，筆記型電腦；ppt：PowerPoint檔案）

附錄五　印刷海報的規格

　　展覽場中常見的海報，具有不同的尺寸，但是大家常常不知道這些海報尺寸代表的意義。海報通常以宣傳為主，例如宣傳產品、企業形象，可以說是製作成本低廉的宣傳品。目前海報的尺寸，具備下列的尺寸。

　　印刷界常用海報制式尺寸（單位：mm）

A0	841×1189	B0	1030×1456
A1	594×841	B1	728×1030
A2	420×594	B2	515×728
A3	297×420	B3	364×515
A4	210×297	B4	257×364
菊全開	980×680		

附錄六　展覽活動規劃流程範例

一、記者會活動流程說明：

（資料來源：社團法人台灣濕地學會，2011）

時間	內容	搭配設備	備註
09：00～ 09：30	報到，領取活動流程及摺頁		
09：30～ 09：45	貴賓致詞： 1.內政部林次長慈玲 2.縣市政府代表 3.NGO代表		1.司儀介紹主持人內政部林次長慈玲出場，主持人致詞，並介紹與會各部會、各縣市及各NGO出席貴賓，致詞後回座休息。 2.司儀分別介紹縣市政府代表、NGO代表致詞，之後回座休息。
09：45～ 09：50	主題一：互動式投影動畫 1.濕地日記者會開幕儀式 2.國際濕地日主題宣導	互動式投影動畫	1.司儀邀請主持人內政部林次長慈玲與永續會代表一同上台碰觸螢幕，以啟動記者會序幕。 2.由司儀宣讀國際濕地日主題後，請各位長官回座休息。
09：50～ 10：00	主題二：濕地計畫成果發表 1.濕地保育法（草案） 2.國家重要濕地生態環境調查與復育計畫補助成果	簡報投影片	1.司儀邀請營建署葉署長世文上台發表主題二。 2.司儀邀請營建署城鄉發展分署洪分署長嘉宏上台發表主題三。 3.主題三時，將有專業攝影師上台拍攝Iphone使用畫面。
10：00～ 10：10	主題三：無線通訊網路濕地行動通訊成果發表	iPHONE + DV CAM	

時間	內容	搭配設備	備註
10：10～ 10：40	主題四：授證典禮 10：10～10：15國家重要濕地評選成果發表 10：15～10：30國家重要濕地授證典禮（14處） 　授證者：環保署長官（臺北市、新北市） 水利署長官（桃園縣、新竹縣） 林務局長官（苗栗縣、南投縣） 教育部長官（嘉義縣、高雄市） 內政部長官（屏東縣） 10：30～10：40全體合影	簡報 投影片 ＋ 頒獎	1.由司儀宣讀98-99年國家重要濕地評選成果並邀請中央主管機關長官上台進行頒獎。 2.司儀同步介紹各濕地名稱、等級、範圍、原因，並請該濕地的地方政府代表上台領獎，每一處濕地授證程序約1分鐘。 3.授證時，由助理將獎牌交由頒獎長官後，領獎人與長官合影。 4.司儀邀請與會長官、評選小組委員、國家重要濕地領獎單位全體上台合影留念。
10：40～ 11：00	主題五：濕地展覽活動開幕儀式 10：40～10：45濕地展覽活動主題宣導 10：45～11：00導覽解說	揭幕用 布幕	1.司儀邀請內政部營建署、農委會林務局、環保署、經濟部水利署、教育部、臺北市、協辦各縣市代表、NGO代表移駕至側邊展示區，共同揭開濕地展覽活動主題及序幕。 2.由司儀宣讀本次展覽活動主題，並由社團法人台灣濕地學會進行主題導覽解說。
11：00～ 11：30	媒體提問		由司儀邀請長官回到主要舞台區，並開放媒體提問。
11：30～ 12：00	茶敘　2011年濕地記者會圓滿落幕	茶點	

二、辦理地點：台北市萬華區剝皮寮演藝廳（台北市康定路173巷）

（資料來源：社團法人台灣濕地學會，2011）

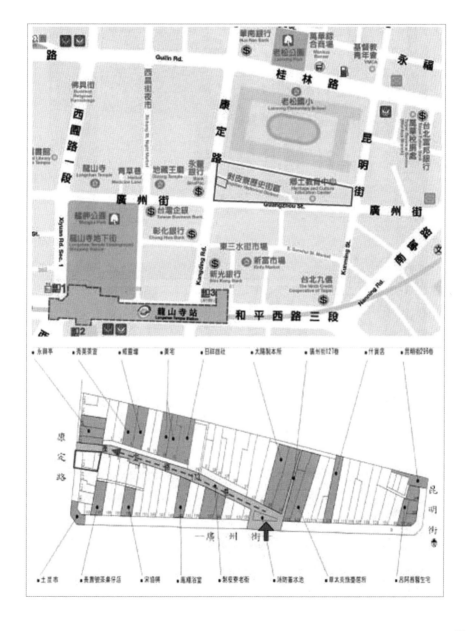

三、濕地成果展主題分區：（資料來源：社團法人台灣濕地學會、以槃創
　　意設計有限公司，2011）

巨型看板區

懸掛布條區

螢幕區

地板張貼照片區

懸掛區

附錄七　會展活動工作人員常用表格

（資料來源：以槃創意設計有限公司，2011）

一、工作簡報備忘錄

會議案名：	
會議日期：	
會議時間：	
會議地點：	
參與人員：	
會議準備事項	備註
1. ☐圖面 　　圖版	☐圖面 ☐圖版
2. ☐報告書	
3. ☐投影片／備用空白投影片	☐投影機
4. ☐幻燈片盤	☐幻燈機
5. ☐單槍投影機	☐電源線
6. ☐NOTEBOOK	☐充電、延長線
7. ☐雷射筆	
8. ☐膠帶／圖釘	☐弱黏性寬膠帶
9. ☐會議紀錄／簽到本	
10. ☐照相機（數位）	☐拍會議過程
11. ☐錄音筆（數位）	
12. ☐儀容	☐女：窄裙／長褲、襯衫／外套 ☐男：領帶、淺藍／白上衣 　　灰、藍、黑長褲
13. ☐出席費	☐出席費收據
14. ☐場地設備確認	
15. ☐開會人數確認	
16. ☐開會時間確認	
17. ☐Gift	

18. □其他工具（美工刀／長尾夾／資料袋／名片）	裝載設備／箱子
會議前聯絡事項	備註
1. □會議室設備： 　□幻燈機：□一般投射式、□反射式 　□片盤：□圓盤、□其他 　□投影機、□其他 2. □會議室圖面（牆面尺寸） 3. □出席人員 4. □評審時間 5. □簡報需時 6. □其他	
	Signature：_____

二、工作討論會備忘錄

會議案名：	
會議日期：	
會議時間：	
會議地點：	
參與人員：	
會議準備事項	備註
1. □場地安排 2. □餐點 3. □茶點 4. □會議紀錄 5. □外國顧問 6. □環境清潔／復原 7. □其他	□詳前頁 □用餐時間確認 □茶具 □簽到本 □文件翻譯
會議前準備事項	備註

1. □會議室設備： 　□幻燈機：□一般投射式、□反射式 　□片盤：□圓盤、□其他 　□投影機、□其他 2. □會議室圖面（牆面尺寸） 3. □出席人員 4. □評審時間 5. □簡報需時 6. □其他	
	Signature：_____

三、基地踏勘、會勘備忘錄

基地案名：	
踏勘日期：	
踏勘時間：	
踏勘地點：	
參與人員：	
事前準備事項	備註
1. □行前確認	□事前規劃路線
2. □交通聯絡	□租車／預約／確認
3. □住宿安排	□確認
4. □照相紀錄（數位相機）	□Chip容量、電容量
5. □錄音筆	□Chip容量、電容量
6. □儀容	□輕鬆不隨便
7. □工作袋（專業）	
8. □餐飲安排	
9. □保險	
10. □參考書／圖／地圖	
11. □協同人員聯絡電話	□列表
12. □PE袋（採集標本用）	
13. □儀容	

14. □工作袋（專業）	
15. □皮尺	
16. □防水用具	
17. □其他	
勘查準備事項	備註
1. □野外求生設備 　　□急救箱：□內服藥、□外用藥 　　□乾糧：□飲用水、□乾糧 　　□手電筒、□其他 2. □防水裝備 3. □工作人員聯絡方式 4. □基地地形、基礎資料了解 5. □勘查時程 6. □其他	 □其他：若有宿營，請加表格（四）
	Signature：_____

四、野外宿營過夜（踏勘、會勘）備忘錄

基地案名：	
宿營日期：	
宿營時間：	
宿營地點：	
參與人員：	
個人裝備	備註
1. □大背包 2. □小背包 3. □背包套 4. □防水袋 5. □登山杖 6. □睡袋 7. □睡墊 8. □登山鞋	

9. □溯溪鞋	
10. □拖鞋	
11. □雨衣	
12. □雨褲	
13. □雨傘	
14. □換洗衣物	
15. □手錶	
16. □手機	
17. □GPS	
18. □頭燈	
19. □電池	
20. □相機	
21. □碗筷	
22. □保溫瓶	
23. □乾糧	
24. □水	
25. □錢	
26. □藥	
27. □健保卡、身分證件	
團體裝備	**備註**
1. □帳篷	□外帳
2. □臉盆	
3. □爐頭	
4. □擋風板	
5. □營燈	
6. □瓦斯	
7. □水袋	
8. □地布	
9. □瑞士刀	
10. □鋸子	

11. □小鏟子	
12. □繩索	
13. □公糧	
	Signature： _____

五、出國□開會、□旅遊（□踏勘、會勘）備忘錄

出國案名：
出國日期：
出國時間：
出國地點：
參與人員：

事前準備事項	備註
1. □訂機票	
2. □訂旅館	
3. □查交通接駁方式	
4. □準備詳細地圖	
5. □查交通時間	
6. □查相關旅遊資訊	
7. □特殊情況要備禮物	
8. □氣象資料	
9. □換外幣	
10. □電器插座型式	
11. □治安安全性	
12. □旅遊平安險	
13. □特殊裝備（如登山）	
14. □護照	
15. □簽證	
	Signature： _____

附錄八　會展常用中英文字彙對照表

英文	中文
A	
abstract	摘要
academic conference	學術研討會
access control	進出管制
accommodations	食宿
accounting	會計
action item	行動項目
activity	活動
acoustics	音效技術
activity combinations	活動組合
ad-hoc meeting	特設會議
added value	附加價值
adjourn	休會
adjourned meeting	散會後會議
administrative equipment	行政設備
administrative functions	行政管理功能
Advisory Board	指導委員會
agenda	議程
agreement	協議
agricultural exhibition	農業展覽
airline	航空公司
air way bill, AWB	空運主提單
all risk insurance	全險
allowance	津貼
amendment	修正案
amenity	備品
annual meeting	年會

英文	中文
art exhibition	藝術展
art museum	美術館
assembly	大會、議會
assembly rules	集會規則
assumption of risk	自承風險
award lunch	頒獎午餐
aye	贊成
B	
balance of trade	貿易差額
banquet	宴會
banquet planner	宴會企劃
biennales	雙年展
Bureau International des Expositions, BIE（法文）	國際展覽局
boat show	遊艇秀
board	董事會；理事會
board meeting	董事會會議；理事會會議
bottom line	營收底線
boundary spanning	跨界活動
breakfast	早餐
break-even point, BEP	損益平衡點
brought to you by	由…所提供
budgeting	編列預算
buffet	自助餐會
Build-Operate-Transfer, BOT	民間興建營運後轉移給政府的模式
bump-in	演出設備卸貨後裝置在舞台的時間
bump-out	演出設備拆下後運走的時間
business buyers	企業買主
business-to-business, B2B	企業對企業的方式進行交易
business-to-consumer, B2C	企業對顧客的方式進行交易

英文	中文
buyers	買主
bylaws	組織章程
C	
call to order	宣布開會
carpet	地毯
catalogue show	目錄秀
ceremonial occasion	典禮場合
ceremony	典禮
Certified Association Executive	社團經理人認證
Certified Destination Management Executive	目的地管理經理人認證
Certified in Exhibition Management	展覽管理認證
Certified Event Rental Professional	活動租賃專業人員認證
Certified Meeting Professional	會議專業人員認證
Certified Professional Catering Executive	專業餐飲經理認證
Certified Special Events Professional	特殊活動專業人員認證
Chairman of the Board	董事會主席；董事長
change train	轉車
checking lists	檢核表
chief executive officer, CEO	執行長
circulation	動線
civic aviation	民用航空
civil religion	民間宗教
closing ceremony	閉幕式
cocktail party	雞尾酒會
code of account	會計科目
coffee break	咖啡時間
colloquium	主題會議
commercial exhibition	商展
commercial invoice	商業發票
committee	委員會

英文	中文
commodity outlet	賣場
conference	研討會
conference room	研討會議室
conference package	會議專案
conference room	會議室
congress	大型會議、議會
consumer exhibition	消費者展覽
consumer goods	消費品
contest	競賽、比賽
contingency	應急金
convention	會議
Convention and Visitors Bureau, CVB	會議及旅遊局
convention plan	會議計畫
correspondence	信件
corporate Charter	公司法
corporate identification system, CIS	企業識別系統
corporate meeting	公司業務會議
cosplay	角色扮演
come to order	會議開始
contract	契約
corner booth	角落攤位
costume play	角色扮演
courtesy by	由…所提供
cost analysis	成本分析
cost containment	成本控制
count vote	計算選票
coupon	折價券
critical path	要徑法
cue sheet	變換信號表
cueing	動作插接

英文	中文
curator	策展人
customers	顧客群
customer relations	客戶關係
customer service and relationship, CSR	客戶服務關係
D	
dealer	經紀人
design stage	設計階段
design team	設計團隊
Destination Management Certified Professional	目的地管理專業人員認證
Destination Management Company, DMC	目的地管理公司
direct mail merchandise	DM商品
directing	指揮
disc jockey, DJ	選擇播放事先錄好音樂的節目主持人
discount	折扣
display shelve	展示架
divisional structures	部門結構
duty of care	注意義務
DVD player	數位影音光碟機
E	
early harvest list	早收清單
economic value	經濟價值
economic impact	經濟影響
economies of scale	經濟規模
engaged ceremony	訂婚儀式
executive committee	執行委員會
Economic Cooperation Framework Agreement, ECFA	經濟合作架構協議
Executive Committee	執行委員會
executive meeting	執行工作會議
event	活動

英文	中文
event management	活動管理
event marketing	活動行銷
event ownership	活動所有權
event poster	活動海報
event producer	活動製作人
event scheduling	活動流程安排
event specifications guide, ESG	活動規範指南
exhibition	展覽、展示會
exhibition design	展覽設計
exhibition insurance	展覽保險
exhibition invitation	邀展
exhibition invitation letter	邀展信
exhibition planning	展覽規劃
exhibition proposal	展覽計畫
exhibition stand	展覽攤位
exhibition marketing	展覽行銷
exhibition venue	展覽場地
exhibitor	參展者
exhibitor's deposit	參展訂金
exhibitor's manual	參展手冊
expo	博覽會
exposition	博覽會、展覽
exposition park	博覽會公園
F	
fair	展示、展覽、博覽會
farewell party	歡送會
fascia board	招牌板
fashion show	時裝秀
festival	節慶
Festival de Cannes	坎城影展

英文	中文
Festival d'Avignon	亞維儂藝術節
final blueprint	最後藍圖
fiber-lite lamp	光纖照明
finishing stage	完工階段
fixed cost	固定成本
fixed price bid	固定價格競標
flower arrangement	花藝
flower show	花展
fluorescent lamp	螢光燈照明
focus group	焦點團體
folding chair	摺疊椅
foreign exchange	外匯
foreign investment	國外投資
foreign trade	對外貿易
forum	論壇
fundraising party	募款餐會
Frankfurt Book Fair	法蘭克福書展
G	
gallerist	畫廊業者
Gantt chart	甘特圖
general assembly	大會
general exhibition	一般展覽
giveaway	贈品
Global Certification in Meeting Management	會議管理全球認證
global outsourcing	全球外包作業
graduation	畢業典禮
grand prize	大獎
graphic design	圖像設計
great gift	精美獎品
gross exhibition space	毛展覽面積

英文	中文
gross income	總收入
gross square footage, GSF	總面積
groundbreakin	破土儀式
grounds maintenance	地面維修
group photo	大會合影
H	
halogen lamp	鹵素燈照明
handing capacity	吞吐量
head table	主席桌位
heads of agreement	協議重點
hits	暢銷曲
hospitality	食宿招待
hospitality industry.	餐旅產業
hospitality management	餐旅管理
hosted buyers	主要買主
hotel	旅館、酒店、飯店
hotel manager	旅館經理
hotelier	旅館經理
housewarming party	喬遷餐會
human resource development, HRD	人力資源發展
human resource planning, HRD	人力資源規劃
I	
illumination	光度
in favor	贊成
inflatable structure	充氣結構
in-kind gifts	非現金禮品
inauguration	就職典禮
independent curator	獨立展覽策劃人
indoor arena	室內場館
industrial exhibition	工業展覽

英文	中文
Industry community	產業聚落
information desk	詢問台
insurance policy	保險單
International Association of Exhibitions and Events, IAEE	國際會展協會
International Congress and Convention Association, ICCA	國際會議協會
international exhibition	國際展覽
International Association of Horticultural Producers, AIPH	國際園藝生產者協會
International Exhibitions Bureau, BIE	國際展覽局
interpretive exhibition	解說展覽
invoice	收據
island booth	島式攤位
J	
joint press conference	聯合記者招待會
K	
Key Performance Index, KPI	關鍵績效指標
kickoff meeting	啟動會議
L	
laserpoint	雷射筆
lecture	演講
legislative body	立法機構
Leipzig Messe	萊比錫展覽會
Leipzig Trade Fair	萊比錫展覽會
letter of intent	意向書
light-emitting diode, LED	發光二極體（LED照明）
live broadcast	現場轉播
live performance	現場表演
local exhibition	地方展覽

英文	中文
lockable sideboard	附鎖儲物櫃
low uncertainty avoidance	風險趨避
lump-sum bid	總標競價
luncheon	午宴
M	
major exhibition	主要展覽
management	管理
Management by Objective, MBO	目標管理
manufactured goods	製造業商品
marine cargo insurance	海運貨物險
market scanning	市場偵測
market segmentation	市場區隔
marketing	行銷
marketing mix	行銷組合
marketing strategy	行銷策略
master stage plan	舞台規劃圖
master schedule	整體規劃書
mass meeting	群眾會議
mass tourism	大眾旅遊
meeting	集會
meeting equipment	會議用品
meeting, incentive, convention and exhibition (MICE)	會展
media event	媒體活動
meeting place	會面點
meeting point	會面點
meeting room	會議室
Member of the Board	董事
Member of the Board of Supervisors	監事
memorandum	備忘錄

英文	中文
MICE Bidding	策展競標
MICE Designer	會展設計師
MICE Director	會展總監
MICE Event	會展活動
MICE Industry	會展產業
MICE Marketing	會展行銷
MICE Planner	會展規劃師
MICE Service	會展服務
MICE Studio	會展工作室
micro enterprises	微型企業
microphone	無線電麥克風
minor exhibition	小型展覽
minutes	會議紀錄
mobile workers	行動工作者
model number	模型號碼
moderator	引言人
motel	汽車旅館
motion	提議
moveable show	移動秀
multi-level sub-projects	多層次專案
multi-trade fair	經貿展
multilateral trade	多邊貿易
multinational corporation	跨國公司
museum	博物館
N	
national conference	全國會議
national economy	國民經濟
navigation line	海運航線
net income	淨收入
network analysis	網路分析

英文	中文
new business	本次會議預定討論事項
news conference	記者會
news release	新聞發布
non-government organization, NGO	非政府組織
non-profit organization, NPO	非營利組織
O	
oral presentation	口頭發表
original design manufacturer, ODM	設計、製造、生產、組裝、成型等代工的服務
original equipment manufacturer, OEM	代工製造
off-site meeting	場外會議
official directory	參展廠商名錄
official forwarder	指定運輸商
official supplier	指定供應商
official trip	公務旅行
Olympic Stadium	奧林匹克體育場
open	上映、開放
opening reception	開幕接待會
operational control	作業控管
opportunity cost	機會成本
organization performance	組織績效
organizational control	組織控管
organizational structure	組織結構
organized societies	社團組織
organizing	組織功能
Organizing Committee	籌備委員會
original bill of lading, OB/L	船運主提單
other business	臨時動議
outsourcing	委外（轉包）
P	
package list	裝箱明細表

英文	中文
panel	座談會
panelist	參加分組討論者
partition wall	攤位分隔牆
parent-teacher conference	親師會；家長教師會議
party game	派對遊戲
payoff	發薪
pegboard	插板、洞洞板
peninsula booth	半島式攤位
parabolic aluminized reflector lamp, PAR	鍍鋁反射燈
pavilion	展廳
perceived waiting time	感受等候時間
perimeter booth	展場周邊攤位
performance appraisal	績效評估
performance evaluation	績效評估
performance measurement	績效衡量
performance monitoring	績效監測
peripatetic exhibition	巡迴展覽
placard	海報指引
plane show	平面秀
planning	規劃
plenary session	全體會議
poster presentation	海報發表
poster session	海報展示時間
pre-bid meeting	投標前會議
press conference	記者會
principle sponsor	主要贊助廠商
private exhibition	私人展覽
proceedings	論文集
products	商品
programming	活動編排

英文	中文
progressing meetings	進度會議
project accounting	專案會計
project management	專案管理
project planning	專案規劃
project schedule	專案進度表
project statement	專案說明書
product portfolio	產品組合
Professional Bridal Consultant	專業婚禮顧問
Professional Conference/Congress Organizer, PCO	專業會展籌辦單位；會議顧問公司
Professional Exhibition Organizer, PEO	專業展覽籌辦單位；展覽顧問公司
publicity	宣傳
publicity stunt	宣傳噱頭
pull-down	清理乾淨的時間
Q	
quorum	法定人數
R	
R. S. V. P.	請回覆
reception	接待會
recurring meeting	定期會議
regional exhibition	地區展覽
registration fee	註冊費
regular meeting	例行會議
religious rituals	宗教儀式
request for a bid proposal, RFP	要標書
resolution	正式決議
resort	渡假村
rider	附件
rite	儀式
ritual	儀式

英文	中文
road show	巡迴表演
roadies	巡迴表演管理員
round-table	圓桌會議
rules of order	議事規則
run sheet	流程表
S	
Scientific Advisory Committee	科學顧問委員會
screen	螢幕
series meeting	系列會議
second	附議
seminar	討論會
sensitivity analysis	敏感度分析
serial number	序號
service	服務
service area	服務區域
Service Manual	參展手冊
set-in	表演者就緒的時間
scenic view	風景區
shareholders' meeting	股東會
show	秀；展覽會
show girl	展場女郎
show room	陳列室
shipping company	航運公司
sightseeing group	觀光團
sightseeing hotel	觀光旅館
single-use plans	單用型規劃
Smiling Curve	微笑曲線
solo exhibition	單一展覽
socket	插座
special event	特殊活動

英文	中文
special meeting	特別會議
specification book	規格書
spectator area	觀眾席
splendor stationary	精品文具組
sponsored by	由…贊助
sponsorships	贊助
sport venue	運動場地
spot light	投射燈
staff meeting	工作人員會議
staffing	人員配置
staging	展演
stakeholder	利害關係人
strategic performance	策略績效
stadium	體育場
standing plans	準據型規劃
standard booth	標準攤位
standard operating procedures, SOP	標準作業流程
standing committee	常務委員會
standing rules	常規
Stockholm Furniture Fair	斯德哥爾摩家具展
street dance	街舞
subcontracting	計畫分包
summit	高峰會
supervisor	主管
supper	晚宴
supply chain	供應鏈
supporting letter, SL	推薦信
surveys	問卷調查
symposium	研討會
synchronous conferencing	同步會議

英文	中文
T	
Taipei Flora Expo	臺北花卉博覽會
target buyers	目標買主
task list	任務列表
task sheet	任務清單
task-level activity	任務層次活動
tea break	茶點時間
team meeting	小組會議
Technical Committee	技術委員會
temporary importation	暫時進口
theater	戲院
timesheet	時間表
time line	時間線
time-activity sheets	活動日程單
total quality management	全面品質管理
tourist commission	旅遊局
tourism	旅遊業
tourism master plan	旅遊整體規畫
tour resources	旅遊資源
trade mart	貿易市集、交易會
trade fair	商品交易會
trade show	貿易展
travel service	旅行社
travel show	旅展
trial order	試訂貨
U	
unconference	非常規會議
unfinished business	上次會議未討論完事項
Union des Foires Internationales, UFI（法文）	國際展覽業協會
Union of International Fairs	國際展覽業協會

英文	中文
V	
valet parking	代客泊車
value chain	價值鏈
variable cost	變動成本
venue	場地
vertical disintegration	垂直分工
vertical integration	垂直整合
video conference	視訊會議
visual theme	外觀主題
voucher	禮券
W	
waste basket	垃圾筒
water	飲用水
web conferencing	網路會議
WHEREAS	鑒於
white board	白板
white lighting	白光
World Expo	世界博覽會
world market	世界市場
work meeting	工作會議
workshop	工作坊

參考書目

中文

1. 丁衡祁、李欣、白靜，2006。會展英語：提高英語的閱讀、口語和翻譯綜合能力。北京：北京對外經濟貿易大學。

2. 方偉達，2009。生態旅遊。臺北：五南。

3. 方偉達，2009。休閒設施管理。臺北：五南。

4. 方偉達，2010。國際會議與會展產業概論。臺北：五南。

5. 王玉馨（譯），2010。穆爾等原著。休閒設施規劃與管理。臺北：華都文化。

6. 毛軍權、王海莊，2006。會展文案。上海：復旦大學。

7. 朱中一，2007。展覽活動規劃。臺北：經濟部商業司。

8. 朱國勤、戴雲亭，2009。會展視覺系統設計。北京：化學工業。

9. 李淑錦，2010。商展如何有助於做成生意？臺北汽車零配件展與會展經濟。世新大學社會發展研究所碩士論文。臺北：世新大學。

10. 李菽蘋（譯），2001。大杉邦三、卓加眞原著。會議英語。臺北：寂天文化。

11. 呂楠（譯），2003。勞森原著。會議與展示設施：規劃設計和管理。大連：大連理工大學。

12. 沈燕雲、呂秋霞，2007。國際會議規劃與管理（二版）。臺北：揚智。

13. 林大飛，2009。會展設計。大連：東北財經大學。

14. 周錫洋、李銘芳，2007。展覽行銷的第一本書。臺北：宏典文化。

15. 柯樹人，2007。國際會議活動管理實務。臺北：經濟部商業司。

16. 柯樹人，2008。實用會展英語。臺北：經濟部商業司。

17. 段恩雷，2007。會展行銷規劃。臺北：經濟部商業司。

18. 高維泓（譯），1999。摩司魏克、納爾遜原著。會議管理：如何創造

高效率會議。臺北：寂天文化。

19. 徐筑琴，2006。國際會議經營管理。臺北：五南。

20. 陳立航，2011。主管必備的管理技巧會議手冊。臺北：憲業企管。

21. 郭彥谷，郭燦廷，2015。會展初階認證8合1。臺北：考用。

22. 陳希林、閻蕙群（譯），2004。強尼艾倫等原著。節慶與活動管理。臺北：五觀藝術。

23. 陳景蔚，2003。如何進行會議英語。臺北：寂天文化。

24. 陳瑞峰、林靜慧（譯），2008。李納德霍利原著。活動行銷─節慶、會議、展覽與觀光專案。臺北：揚智。

25. 張競，陳玉珍，2014。國際會展管理實務。臺北：雙葉。

26. 張樹坤，2008。會展英語。重慶：重慶大學。

27. 程越敏，2008。會展設計。北京：中國財政經濟。

28. 黃性禮、黃淑芬，2009。國際會議籌組暨展覽管理。臺北：臺科大圖書公司。

29. 黃振家，2010。會展產業概論（二版）。臺北：經濟部商業司。

30. 彭青龍、藍星、葛建光，2009。會展英語。上海：上海交通大學。

31. 楊自力，2008。會展英語翻譯。大連：大連理工大學。

32. 楊鴻儒，1999。賣場設計新魅力。臺北：書泉。

33. 雷兵、楊曉梅。2009。會展英語。大連：東北財經大學。

34. 蔣家皓、許興家、楊筠芃（譯），2010。喬治芬尼區原著。會議與展覽產業：理論與實務。臺北：臺灣培生教育。

35. 劉修祥、張明玲（譯），2009。卡爾庫曼、露蒂萊特原著。全球會議與展覽。臺北：揚智文化。

36. 劉順福，2010。國際會議參與和談判：兼述非政府組織。臺北：國立編譯館。

37. 劉漢龍，2002。國際會議英語。北京：中國水利水電。

38. 劉瑩慧（譯），2004。齋藤孝原著。會議革命。臺北：商周。

39. 劉碧珍，2015。國際會展產業概論：臺北：華立。

40. 熊秉明，1985。展覽會的觀念－或者觀念的展覽會。臺北：雄獅。

41. 錢士謙，2015。會展管理概論。臺北：新陸。

42. 蕭翔鴻（譯），2006。迪恩原著。展覽複合體：博物館展覽的理論與實務。臺北：藝術家。

43. 謝宗哲（譯），2005。小嶋一浩原著。設計活動吧！－以學校空間爲主軸所進行的Study。臺北：田園城市。

44. 鍾嘉惠（譯），2010。堀公俊、加藤彰原著。會議工場：全方位會議設計指南。臺北：臺灣東販。

45. 羅傳賢，2006。會議管理與法制。臺北：五南。

英文

1. American Society of Association Executives (ASAE). 1995. Association Meeting Trends. Washington, D.C.:ASAE.

2. Ansoff, H. I. 1965. An Analytic Approach to Business Policy for Growth and Expansion. New York, NY: McGraw-Hill.

3. Arnold, M. K. 2002. Build a Better Trade Show Image. Grafix Press.

4. Astroff, M. and J. Abbey. 2006. Convention Sales and Services. Seventh Edition. Las Vegas, NV: Waterbury.

5. Burns, J. M. 1978. Leadership. New York: Harper & Row.

6. Campbell, F. L., Robinson, A., S. Brown, and P. Race. 2003. Essential Tips for Organizing Conferences & Events. Longdon, UK: Routledge.

7. Chandler, A. D. 1962. Strategy and Structure. Cambridge, MA: MIT Press.

8. Denhardt, R. B., J. V. Denhardt, and M. P. Aristigueta. 2002. Managing Human Behavior in Public and Non-profit Organizations. Thousand Oaks, CA: Sage Publications.

9. Fenich, G. G. 2008. Meetings, Expositions, Events, & Conventions: An

Introduction to the Industry. Second Edition. Upper Saddle River, NJ: Pearson Prentice Hall.

10. Gartrell, R. B. 1994. Destination Marketing for Convention and Visitor Bureaus. Second Edition. Dubuque, IA: Kendall Hunt.

11. Hofer, C. W. and D. E. Schendel. 1985. Strategy Formulation：Analytical Concepts. Boston, MA: Harvard Business School Press

12. International Congress and Convention Association. 2009. Statistics Report, The International Association Meetings Market 1999-2008. Amsterdam, The Netherlands: ICCA.

13. Kandampully, J. A. 2007. Services Management：The New paradigm in Hospitality. Upper Saddle River, NJ: Pearson Prentice Hall.

14. McCabe, V., B. Poole, P. Weeks, and N. Leiper. 2000. The Business and Management of Conventions. Milton, Australia: John Wiley & Sons Australia.

15. McGregor, D. 1960. The Human Side of Enterprise. New York, NY: McGraw-Hill.

16. Wood, R. W. 1970. Brainstorming：A creative way to learn. Education 91(2):160-165.

17. Miller, A and G. D. Gregory. 1996. Strategic Management. New York: the McGraw-Hill.

18. Montgomery, R. J. and S. K. Strick. 1995. Meetings, Conventions, and Expositions：An Introduction to the Industry. New York, NY: Van Nostrand Reinhold.

19. Odiorne, G. S. 1969. Management Decisions by Objectives. Englewdod Cliffs, NJ: Prentice Hall.

20. Oppermann, M. 1999. Convention destination images：analysis of association meeting planners' perceptions. Tourism Management 17(3):

176-182.

21. Parasuraman, A., V. A. Zeitthaml, and L. Berry. 1985. A conceptual model of service quality and its implications for future research. Journal of Marketing 4: 41-50.

22. Paulus, P. B., T. S. Larey, and A. H. Ortega. 1995. Performance and perceptions of brainstormers in an organizational meeting. Basic and Applied Social Psychology 17(1): 249-265.

23. Porter, M. E. 1980. Competitive Strategy－Techniques for Analyzing Industries and Competitors. Free Press.

24. Porter, M. E. 1985. Competitive Advantage. Free Press.

25. Professional Convention Management Association (PCMA), 2010. http://www.pcma.org/ind_facts.htm

26. Rogers, T. 1998. Conferences： A Twenty-first Century Industry. Harlow, UK: Addison Wesley Longman.

《國際會議與會展產業概論》模擬題庫

( ) 1. 現代國際會議緣起於17世紀的： (A)威斯特伐利亞會議 (B)維也納會議 (C)巴黎會議 (D)倫敦會議。

( ) 2. 在展覽的定義中：「具時效性的臨時市集，在有計畫的組織籌畫下，讓 銷售者與採購者於現場完成看樣、諮商及下單採購等之展售活動。」是 下列那個單位的定義？ (A)國際展覽業協會（全球展覽協會）（UFI） (B)德國展覽協會（AUMA） (C)國際會展協會（IAEE） (D)國際協會聯 盟（UIA）。

( ) 3. 成立於1963年，總部設於荷蘭阿姆斯特丹，其會員均以公司組織為單 位，目前超過92個國家的1,167個成員，是全球會議相關協會中最突出的 組織之一為： (A)UIA (B)ICCA (C)IAEE (D)UFI。

( ) 4. 成立於1907年，聯盟總部設於比利時布魯塞爾，是一個非營利及非政府 組織。該聯盟依據聯合國的授權，推動國際組織及國際會議等業務為： (A)UIA (B)ICCA (C)IAEE (D)UFI。

( ) 5. 下列那一種展覽只展出同一產業之上、中、下游產品？ (A)專業展 (B)綜合展 (C)水平型展覽 (D)博覽會。

( ) 6. 下列何者為非？ (A)Exhibition 指展出項目包括生產製作機具在內的展覽 (B)Show 則通常結合動態展示或藉由演出（秀）表現產品特色 (C)Fair 為 一般展覽之統稱 (D)Horizontal Shows對於參觀者的身分有所限制。

( ) 7. 下列何者是商品陳列者？ (A)Exhibitor (B)Visitor (C)Participant (D)Moderator。

( ) 8. 全世界舉辦會議次數最高的地區為： (A)歐洲 (B)美洲 (C)亞洲 (D)澳 洲。

( ) 9. 下列何者不是21世紀「三大新經濟產業」？ (A)會展業 (B)旅遊業 (C)房地產業 (D)股票證券業。

（　）10. 價值鏈（value chain）是由下列那一位學者在1985年所提出？　(A)彼得克拉克　(B)麥可波特　(C)保羅克魯曼　(D)羅伯孟代爾。

（　）11. 下列那個城市國家是亞洲會議之都？　(A)新加坡　(B)香港　(C)澳門(D)以上皆非。

（　）12. 下列何者是國際會議的世紀？　(A)17世紀　(B)18世紀　(C)19世紀　(D)20世紀。

（　）13. G-20會議主要是討論下列何項議題？　(A)國際金融穩定　(B)國際政治穩定　(C)國際外交穩定　(D)國際軍事穩定。

（　）14. 下列何者不是東南亞國協（Association of Southeast Asian Nations, ASEAN）的其他華語稱呼？　(A)東南亞國家聯盟　(B)東盟　(C)亞細安(D)亞太經合會。

（　）15. 下列對於世界上首度具有國際規模的博覽會敘述，何者為真？(1)1756年英國工商企業舉行的工藝展覽會。(2)1798年法國政府舉行工業產品大眾展。(3)1851年英國在倫敦舉辦的「萬國博覽會」。(4)倫敦海德公園「水晶宮」舉辦的博覽會。　(A)(1)(2)　(B)(1)(3)　(C)(2)(3)　(D)(3)(4)。

（　）16. 為了統一會展事權，有效提升辦理績效，自2009年起由下列那一個單位統籌辦理我國會展產業之推動與發展？　(A)經濟部國際貿易局　(B)交通部觀光局　(C)經濟部商業司　(D)經濟部投資業務處。

（　）17. 「行政院觀光發展推動委員會MICE專案小組」的幕僚作業由下列那一個單位承辦？　(A)經濟部國際貿易局　(B)交通部觀光局　(C)經濟部商業司(D)經濟部投資業務處。

（　）18. 「推動臺灣會展產業發展計畫」的主辦單位為何？　(A)經濟部國際貿易局　(B)交通部觀光局　(C)經濟部商業司　(D)經濟部投資業務處。

（　）19. 代表臺灣會議、展覽產業界最高榮譽的2019年「臺灣會展獎」評選活動，係由下列哪個單位主辦？　(A)經濟部國際貿易局　(B)交通部觀光局(C)經濟部商業司　(D)經濟部投資業務處。

（　）20. 下列何者不是「推動臺灣會展產業發展計畫」的主要目標？　(A)發展臺

灣成為亞洲最佳會議展覽環境　(B)創造更高的產業價值、塑造優質國際會展品牌形象　(C)並建構成為國際會議展覽技術及人才培育重鎮　(D)爭取國際會議展覽活動在國外舉辦。

（　）21. 下列何者不是「推動臺灣會展產業發展計畫」四項子計畫？　(A)會展產業整體推動計畫　(B)會展推廣與國際行銷計畫　(C)爭取國際會議在國外舉辦計畫　(D)會展人才培育與認證計畫。

（　）22. 下列「MEET TAIWAN」的子計畫中，何者為培訓種子師資？　(A)會展產業整體推動計畫　(B)提升會議展覽服務業國際形象暨總體推動計畫　(C)經營管理輔導計畫　(D)會展人才培育與認證計畫。

（　）23. 根據國際展覽業協會（國際展覽聯盟，UFI）的調查，目前展覽面積最大的地區為下列那些地區？(1)歐洲；(2)北美；(3)亞洲；(4)澳洲。　(A)(1)(2)　(B)(1)(3)　(C)(2)(3)　(D)(1)(4)。

（　）24. 下列何者不是「綠色會展」的概念？　(A)環境保護　(B)能源節約　(C)永續發展　(D)誠信經營。

（　）25. 下列何者不是企業的社會責任？　(A)雇用本地勞工　(B)贊助慈善基金會　(C)協助大學畢業生找到工作　(D)企業以營利為目的。

（　）26. 下列何者不是臺灣會展產業三大願景？　(A)擴大會展產業規模，帶動國內經濟及出口大幅成長　(B)提升會展國際地位，建設臺灣成為亞洲會展重鎮　(C)平衡南北會展產業，落實南北雙核心政策　(D)振興經濟發放振興三倍券，進口貨物降低關稅。

（　）27. 臺灣目前唯一經政府核准合法立案的全國性會展公會組織為下列那一個單位？　(A)中華民國展覽暨會議商業同業公會　(B)臺北市展覽暨會議商業同業公會　(C)以上皆是　(D)以上皆非。

（　）28. 隸屬於經濟部的中華民國對外貿易發展協會在會展產業的屬性上被歸類為：(A)DMC　(B)CVB　(C)Exhibitor　(D)PEO。

（　）29. 下列何者為PCO？　(A)企管顧問公司　(B)會議顧問公司　(C)展覽顧問公司　(D)公關顧問公司。

（　）30. 下列何者為PEO？　(A)企管顧問公司　(B)會議顧問公司　(C)展覽顧問公司(D)公關顧問公司。

（　）31. 推動臺灣會展產業發展計畫的入口網站，其網址為：　(A)www.meettaiwan.com　(B)www.taiwan.net.tw　(C)mice.iti.org.tw　(D)www.excotaiwan.com.tw

（　）32. 在會展產業中常聽到B2C、B2B，請問下列何者為正確的名詞定義？(A)企業對顧客的方式進行交易、企業對企業的方式進行交易　(B)企業對顧客的方式進行交易、顧客對顧客的方式進行交易　(C)顧客對顧客的方式進行交易、企業對企業的方式進行交易　(D)企業對企業的方式進行交易、顧客對顧客的方式進行交易商務。

（　）33. 到了2019年，根據ICCA的排名，臺北為全球第19大國際會議城市，超越下列那些城市？　(A)新加坡、首爾　(B)上海、北京　(C)東京、曼谷(D)巴黎、維也納。

（　）34. 「國際會展產業規劃與管理」是由下列那一個政府機構負責？　(A)經濟部　(B)外交部　(C)交通部　(D)內政部。

（　）35. 「大型會展場地興建與管理」屬於下列那一個政府機構的權責？　(A)經濟部　(B)外交部　(C)交通部　(D)內政部。

（　）36. 中國歷史上第一次的國際和平會議是在那裡舉辦？　(A)晉楚兩國在宋都商丘召開了弭兵會議　(B)齊恆公曾同宋、魯、衛、吳等國諸侯會盟於葵丘　(C)唐穆宗與吐蕃的使團會盟于長安西郊　(D)宋遼在澶州城西湖泊澶淵舉行的「澶淵之盟」。

（　）37. 下列會議的英語「Convention」，從字源上來看，缺乏下列那一種意思？　(A)共同　(B)聚集　(C)組織和商討　(D)談天和說地。

（　）38. 下列何者非西方歷史上的會議？　(A)公卿百官會議　(B)希臘、羅馬時期的「人民會議」　(C)亞瑟王的「圓桌會議」　(D)中世紀時羅馬教皇召開「萬國宗教會議」。

（　）39. 目前國際宣揚的「Sustainable Tourism」，在中文應該如何翻譯？　(A)大

眾旅遊　(B)生態旅遊　(C)永續旅遊　(D)小眾旅遊。

（　）40. 西方會議文化中指的「Conference」，在中文應該如何翻譯？　(A)座談會　(B)說明會　(C)研討會　(D)議會。

（　）41. 「所謂的國際會議，需要至少在三個國家輪流舉行的固定性會議，舉辦天數至少一天，與會人數在100人以上，而且地主國以外的外籍人士比例需要超過25%，才能稱為國際會議。」是下列那一個組織所下的定義？ (A)國際會議協會（ICCA）　(B)國際會展協會（IAEE）　(C)國際協會聯盟（UIA）　(D)日本總理府（觀光白皮書）。

（　）42. 獎勵旅遊行銷的國際通路有：　(A)旅展與國際組織　(B)火車站　(C)高鐵站　(D)電腦展。

（　）43. 在舉辦會議及展覽活動時，何者對於會議之籌備最具有貢獻：　(A)與會者　(B)場地供應者　(C)籌備委員會　(D)工讀生。

（　）44. 籌備會展活動在財務規劃中需要注意下列那些事項？(1)考慮執行時間；(2)需要專款專用；(3)帳目清晰明確；(4)預算和決算需要完全相同；(5)保留原始憑證；(6)自訂項目報帳；(7)不考慮回饋計畫。　(A)(2)(3)(4)(5)　(B)(2)(3)(6)(7)　(C)(2)(3)(5)(7)　(D)(1)(2)(3)(5)。

（　）45. 下列何者不是論文審查委員會的職責？　(A)安排旅遊活動　(B)排定分組議題　(C)審核論文　(D)選編論文集。

（　）46. 下列何者對國際會議協會（International Congress and Convention Association, ICCA）說明有誤？　(A)成立於1963年　(B)總部設於荷蘭阿姆斯特丹　(C)總部設於比利時布魯塞爾　(D)會員均以公司組織為單位，目前超過85個國家的850個成員，是全球會議相關協會中最突出的組織之一。

（　）47. 到了11至12世紀時，歐洲商人定期或不定期在人口密集、商業發達地區舉行市集活動，為各地商旅提供良好的貿易交換場所，其中最重要的是在伯爵領地「香檳地區」的展覽貿易，以何種方式進行？　(A)集市　(B)交易會　(C)博覽會　(D)拍賣會。

（　）48. 下列何者會議的規模最大？　(A)Forum　(B)Convention　(C)Seminar
　　　　(D)Workshop。

（　）49. M.I.C.E.中，所謂I.的英文應如何拼？　(A)International　(B)Independent
　　　　(C)Incentive　(D)Informal。

（　）50. Pre-conference Tour 指的是：　(A)預覽參觀　(B)會前旅遊　(C)會中旅遊
　　　　(D)會後旅遊。

（　）51. 劍橋字典對「Incentive」的註解為「讓接受指令的一方樂於執行指定事
　　　　項的措施」，所表達的措施是：　(A)哀求　(B)請示　(C)命令　(D)鼓勵。

（　）52. 下列那一個國家還沒有會議局的專責機構？　(A)美國　(B)新加坡　(C)泰
　　　　國　(D)中華民國。

（　）53. 下列何者是農業社會轉型為工業化社會必備的基礎服務？　(A)基礎建設
　　　　服務　(B)工商服務　(C)產業服務　(D)貿易服務。

（　）54. 會議產業具有「三高三大三優」之特徵，「三高」下列何者有誤？
　　　　(A)高成長潛力　(B)高附加價值　(C)高創新效益　(D)高組織動力。

（　）55. 會議產業具有「三高三大三優」之特徵，「三大」下列何者有誤？
　　　　(A)產值大　(B)創造就業機會大　(C)產業關聯大　(D)效果宏大。

（　）56. 會議產業具有「三高三大三優」之特徵，「三優」下列何者有誤？
　　　　(A)物產相對優勢　(B)人力相對優勢　(C)技術相對優勢　(D)地理相對優
　　　　勢。

（　）57. 會展產業下列敘述何者錯誤？　(A)服務性的「第三產業」　(B)產業特色
　　　　為價格變動反應小　(C)利潤約在20%至25%以上　(D)一種低收入與低盈
　　　　利的行業。

（　）58. 會展活動促進人與人之間交流的效益為：　(A)政治效益　(B)文化效益
　　　　(C)經濟效益　(D)社會效益。

（　）59. 國際會議可以替舉辦城市帶來可觀的經濟效益，請問以下哪一種經濟效
　　　　益和國際會議無關？　(A)航空業　(B)旅行業　(C)股票證券業　(D)飯店
　　　　業。

（　）60. 展覽主辦單位吸引參觀買主的最佳作法應如何去做？　(A)邀請各行各業，買主越多越好　(B)邀請特定買主，以質取勝　(C)邀請目標買主，廣為宣傳展覽，質與量兼顧　(D)以上皆非。

（　）61. 一場成功的展覽活動應該具備下列那些特性：　(A)獨特性、國際識別性、目標客戶群、高度記憶性　(B)優雅的名稱　(C)昂貴的開幕儀式　(D)以上皆非。

（　）62. 下列那些不是會展產業具備的特性？　(A)整合性、擴充性　(B)異質性、不可分割性　(C)無法貯存性、藝術性　(D)乏善可陳性。

（　）63. 目前全球許多會議與展覽都希望以國際活動進行定位，所以獲得國際組織的青睞而舉辦國際會議，這將是一項：　(A)挑戰　(B)負擔　(C)危機　(D)包袱。

（　）64. 在臺北市懸掛會議活動所製作的路燈掛旗，必須向那一個單位申請？　(A)臺北市政府環境保護局　(B)臺北市政府觀光傳播局　(C)臺北市政府工務局　(D)臺北市政府警察局。

（　）65. 在臺北市公園綠地或安全島懸掛會議活動所製作的旗幟，必須向那一個單位申請？　(A)臺北市政府工務局公園路燈管理處　(B)臺北市政府觀光傳播局　(C)臺北市政府環境保護局　(D)臺北市政府警察局。

（　）66. 中華民國政府首次開放國人出國觀光是在那一年？　(A)1959年　(B)1969年　(C)1979年　(D)1989年。

（　）67. 麥可波特認為，現代企業的競爭主要是供應鏈（supply chain）提供的價值競爭。會展產業提供買主的下列需求何者為非？　(A)高質量產品　(B)高成本產品　(C)快速的產品資訊　(D)快速回應買主的需求。

（　）68. 會展產業下列敘述何者為非？　(A)政府及相關管理部門形成價值鏈的上游供給機制　(B)參展商形成中游需求及供給機制　(C)觀眾形成下游需求機制　(D)會展產業無所謂上中下游機制。

（　）69. 下列何者不是國外公司行號辦理會展產業的角色之一？　(A)PCO　(B)PEO　(C)DMC　(D)CVB。

（　）70. 臺北國際會議中心屬於下列何者專業服務機構的範圍？　(A)PCO　(B)PEO　(C)DMC　(D)會展核心產業的業者。

（　）71. 2010年舉辦的上海世界博覽會和臺北國際花卉博覽會屬於：　(A)Event　(B)Seminar　(C)Convention　(D)Workshop。

（　）72. 在機場設置接待與會來賓的接機櫃檯，是向那一個單位申請設置？　(A)警政署航空警察局　(B)內政部入出國及移民署　(C)外交部禮賓司　(D)交通部民用航空局。

（　）73. 下列何者貴賓，不列為特別禮遇通關的對象？　(A)外國駐我國大使　(B)外國部長　(C)我國駐外大使　(D)我國中央級民意代表。

（　）74. 下列禮遇何者有誤？　(A)國賓禮遇：指禮車進出機坪接送，並由國賓接待室直接入、出國　(B)特別禮遇：指由公務門入、出國　(C)一般禮遇：指經由禮遇查檢櫃入、出國　(D)以上皆非。

（　）75. 國賓禮遇、特別禮遇及一般禮遇申請案，應以書函向那一個單位申請？　(A)內政部警政署航空警察局　(B)外交部禮賓司　(C)內政部入出國及移民署　(D)交通部民用航空局。

（　）76. 通關禮遇是針對國際級貴賓提供最高等級的接待服務。由主辦國際會議的公務單位檢送入出境快速通關及公務通行證申請書，附來訪人員姓名、職銜、抵臺時間、離境時間、接機人員姓名職稱、來訪人員履歷及隨行人員基本資料（姓名、職稱、護照號碼），向那個單位申請？　(A)內政部入出國及移民署　(B)交通部民航局　(C)內政部警政署航空警察局　(D)以上皆非。

（　）77. 為了服務與會貴賓，主辦單位都會安排交通車輛進行接駁，下列何者不宜列入接駁地點？　(A)會議所在地旅館　(B)宴會場所　(C)工作人員住所　(D)會議場所。

（　）78. 一般國家需要辦理簽證申請人所持有的本國護照，護照效期必須至少在幾個月以上？　(A)1個月　(B)6個月　(C)9個月　(D)12個月。

（　）79. 下列哪些國家的國際人士來臺，不需持有我國簽證，只要持有該國有效

期間之內護照即可入境臺灣？ (A)美國、加拿大、英國 (B)歐盟申根、澳大利亞及紐西蘭 (C)日本 (D)以上皆是。

( ) 80. 大陸人士來臺灣開會，需要辦理下列哪些證件？ (A)中華民國政府內政部入出國及移民署核發的「入出境許可證」 (B)中華人民共和國政府國務院台灣事務辦公室核發的「赴台批件」 (C)中華人民共和國政府公安部核發的「往來臺灣通行證」 (D)以上皆是。

( ) 81. 在國際會議中最高的行政及決策機構為何？ (A)籌備委員會 (B)秘書處 (C)指導委員會 (D)執行委員會。

( ) 82. 德語Messe（展覽會）有彌撒（Messe）之意，原意是： (A)宗教性的聚會 (B)政治性的聚會 (C)軍事性的聚會 (D)庶民的聚會。

( ) 83. 下列何者不是展覽的本質和功能？ (A)主、協辦單位名利雙收 (B)在特定期間提供雙方交易平台 (C)提供買賣雙方溝通管道 (D)提供雙方看貨地點。

( ) 84. 下列何者不是旅館為配合國際會議，所應該具備的服務？ (A)介紹市區優質的景點 (B)提供五星級的餐點和運動設施服務 (C)提供與會者抵達會場的路線 (D)提供刷卡購物折扣服務。

( ) 85. 籌備一場會議需要注意下列哪些事項？ (A)會議主題 (B)會議背景 (C)會議預算 (D)以上皆是。

( ) 86. 在分組演講及討論中，邀請業界或專業領域中的佼佼者擔任主持人，其工作為控制時間，並且讓會議進行更為順暢，稱為： (A)Speakers (B)Moderator (C)Keynote Speaker (D)Chairperson。

( ) 87. 下列何者不是展覽館必須具備的條件？ (A)寬敞的展示地點 (B)便利的交通環境 (C)完善的展覽設施 (D)價格低廉的場地。

( ) 88. 呼應聖誕節慶展覽活動，畫家幾米勾勒出一幅歡樂聚會的「○○○○○」，以做為展覽主題的圖案。「○○○○○」的專有名詞為： (A)展覽主視覺 (B)展覽主營造 (C)展覽主布置 (D)展覽主題目。

( ) 89. 一般活動的開幕場地為了不要影響大會人群的動線，常會規劃於：

(A)較偏僻的場所　(B)活動最精華區　(C)廁所旁　(D)出口處。

( )90. 在辦理大型展覽時，主辦單位應該為買主規劃最佳的參觀行程，下列規劃何者為非？　(A)規劃導覽路線　(B)安排導覽人員　(C)設計沿途指標 (D)沿途散發傳單。

( )91. 下列何者為「展覽攤位面積、走道及公共空間在內的面積」定義？ (A)毛展覽面積　(B)淨展覽面積　(C)總展場面積　(D)總樓地板面積。

( )92. 下列何者不是中國三大會展區域中心？　(A)北京　(B)上海　(C)廣州 (D)天津。

( )93. 會議室硬體設施安全檢查的時機為何？　(A)會議開始前　(B)會議結束後 (C)以上皆非　(D)AB答案皆是。

( )94. 火災通常是因為參展廠商下列的何項行為引起的？　(A)吸菸　(B)點蠟燭 (C)用電不當　(D)玩火。

( )95. 參展手冊（Exhibitor's Manual）的內容不包括下列資訊？　(A)參展廠商名錄　(B)展覽基本資料　(C)展覽場地各式服務之申請表格　(D)展場注意事項及說明。

( )96. 會展裝潢時的標語不能擋住下列何種設施，下列何者為非？　(A)消防箱 (B)柱子　(C)逃生門　(D)逃生指示標誌。

( )97. 下列何者不是會展相關產業？　(A)設施商、旅館、會議交通產業　(B)參展服務承包商、場地管理公司、餐飲服務商　(C)展覽設計、協會團體、影音設施商　(D)生技公司、3C產業、模具產業。

( )98. 發明「微笑曲線理論」，認為企業獲利的最佳手段為「品牌與創新」的企業家為：　(A)施振榮　(B)李焜耀　(C)郭台銘　(D)王永慶。

( )99. 在展覽期間遺失展品，其責任歸屬為何？　(A)廠商需要自行辦理保險，主辦單位不負賠償責任　(B)主辦單位需負賠償責任　(C)主辦單位不予理會　(D)由一審法院決定責任歸屬。

( )100. 展覽主辦單位為順利推動會展活動之進行，在展覽中進行規定的說明會議為：　(A)廠商協調會　(B)廠商大會　(C)廠商早餐會報　(D)招商說明會。

（　）101. 在展覽活動之後，為了解客戶對於展覽環境的滿意情形，問卷調查的對象為何？(a)指導單位；(b)主辦單位；(c)參展廠商；(d)參觀者　(A)(b)(d)　(B)(a)(b)　(C)(a)(d)　(D)(c)(d)。

（　）102. 下列何者是展覽期間內展覽主辦單位應該負責的清潔打掃區域範圍？(a)展商攤位內；(b)展場公共區域；(c)展場廁所；(d)展場走道　(A)(a)(b)(c)　(B)(a)(c)(d)　(C)(a)(b)(d)　(D)(b)(c)(d)。

（　）103. 會展服務中，現場服務人員應具備下列工作態度和能力，何者為非？(A)溝通協調能力　(B)服務熱忱和親切的笑容　(C)現場緊急應變能力(D)輕鬆自若、事不關己的態度。

（　）104. 會展行銷規劃的第一步做法是：　(A)蒐集有助瞭解行銷環境的基本資料(B)蒐集潛在參展廠商的資料　(C)蒐集潛在觀眾的資料　(D)蒐集潛在贊助廠商的資料。

（　）105. 下列何者不是會展產業資源的整合運用的措施？　(A)行銷人才的培養(B)會展相關創意的投入　(C)加強軟硬體的設備和設施管理　(D)營造蚊子館。

（　）106. 展出規模會較小，展品較具備深度和廣度，對於參觀者的身分有所限制，並且伴有研討會或新品發表等。屬於下列那一種活動？　(A)消費者展　(B)專業商展　(C)簽書會　(D)綜合展。

（　）107. 下列何者不是專業展徵展的原則？　(A)廣納參展廠商，擴大展出規模(B)展品較具備深度和廣度　(C)按照確定展出產品項目進行徵展　(D)非屬展覽範圍內的展出產品應予以婉拒。

（　）108. 展覽期間如遇到颱風，世貿展覽館是否依據原定期程舉辦？　(A)主辦單位參考政府單位颱風警報，並邀集相關協辦單位及參展廠商代表共同決定是否取消　(B)依據中央氣象臺宣布停止上班　(C)臺北市政府宣布停止上班　(D)主辦單位自行決定。

（　）109. 政府訂定會展資金挹注和公協會整合、政府扶植與獎勵措施的國家為：(A)德國、新加坡　(B)美國、法國　(C)中國、法國　(D)韓國、泰國。

(　　) 110. 邀請國際性會展組織及國際知名會展顧問來臺授課及交流，研議產學合作架構，強化產學互動建立學習評估，屬於下列何項計畫內容？ (A)會議展覽服務業人才認證培育計畫 (B)會議展覽服務業經營管理輔導計畫 (C)會議展覽服務業資訊網建置計畫 (D)會議展覽服務業經貿交流計畫。

(　　) 111. 下列何者為選擇一家稱職的會議公司所具備的條件之一？ (A)財富傲視 (B)信譽卓著 (C)背景雄厚 (D)外商投資。

(　　) 112. 在會議和展覽辦理時下列何者不列為主要預算收入來源？ (A)報名費 (B)攤位出租費用 (C)公司贊助費用 (D)紀念品銷售所得。

(　　) 113. 下列何種產業，具備高度的經濟整合價值，提供媒體及時的新聞，提供進步技術和工具，成為商業展示最好的櫥窗工具？ (A)會展產業 (B)新聞產業 (C)櫥窗產業 (D)技術產業。

(　　) 114. 參展者和顧客（　　）進行面對面（　　）了解及試用產品，在產品品質保證上是非常重要的。上述空格中可以用下列英文簡寫填空？(a)F2F；(b)B2C；(c)B2B；(d)C2C。 (A)(b)(a) (B)(b)(c) (C)(c)(d) (D)(a)(c)。

(　　) 115. 國際會展協會（IAEE）主席S. Hacker認為，目前國際展覽都面臨博覽會銷售人員減少、展覽空間減小，以及產品特色較少的問題。所以展覽主辦單位吸引參觀買主的最佳作法為： (A)邀請目標買主 (B)邀請主管機關 (C)邀請一般顧客 (D)邀請國外買主。

(　　) 116. 國際展與國內展最大的差異性為：(a)主辦單位；(b)展覽地點；(c)參展廠商；(d)參觀買主。 (A)(a)(b) (B)(a)(c) (C)(c)(d) (D)(b)(d)。

(　　) 117. 「在某一地點舉行，參展者與參觀者藉由陳列物品產生之互動。對參展者而言，可以將展示物品推銷或介紹給參觀者，有機會建立與潛在顧客的關係；對參觀者而言，可以從中獲得有興趣或有用的資訊。」是下列那一項活動的定義？ (A)展覽 (B)會議 (C)教育 (D)參訪。

(　　) 118. 會展活動爭取贊助廠商最主要目的是為了： (A)媒體報導 (B)會展觀眾 (C)指導單位 (D)額外的資源供給。

(　　) 119. 在會展組織中，即使沒有組織會議的專職人員，通常也有會員會籍管理

的秘書處或是管委會的單位為： (A)行政部門 (B)企業部門 (C)公司行號 (D)公會、協會。

（ ）120. 下列何者不是展覽會命名的考慮事項？ (A)產品定位 (B)展覽所在地 (C)容易翻譯 (D)易於琅琅上口。

（ ）121. 「一種以旅遊為誘因，藉以激勵或鼓舞公司人員促銷某項特定產品，或是激發消費者購買某項產品的回饋方式」是下列那一種活動？ (A)獎勵旅遊 (B)生態旅遊 (C)大眾旅遊 (D)永續旅遊。

（ ）122. 從消費者的角度來看，參加獎勵旅遊有下列6R的利益，以下何者不是6R？ (A)Recognition, Reward (B)Record, Respect (C)Paragon, Raise (D)Return, Reuse。

（ ）123. 依據從業者的角度來看，舉辦獎勵旅遊有下列6R的利益，以下何者不是6R？ (A)Revenue, Reputation (B)Responsiveness, Repeatness (C)Morale, C. P. HR (Certified Human Resources Professional) (D)Recycle, Reuse。

（ ）124. 為了了解獎勵旅遊是否合乎旅遊業者和企業主之間的契約協定，一定要做的動作為： (A)現場及路線勘查 (B)書面報告 (C)面對面溝通 (D)旅遊產品認證。

（ ）125. 旅遊業者在規劃獎勵旅遊時，執行團隊中最重要的人物是： (A)主辦人員 (B)協辦人員 (C)後勤人員 (D)以上人員都不重要。

（ ）126. 下列何者不是獎勵旅遊用來激勵公司員工，達到公司研議的管理目標？ (A)減少曠職、鼓勵全勤 (B)提高員工生產力 (C)降低生產成本 (D)提高營運成本。

（ ）127. 下列何者不辦理規劃或是執行獎勵旅遊的業務？ (A)DMC (B)CVB (C)Travel Agents (D)PEO。

（ ）128. 下列何者獎勵旅遊的敘述為非？ (A)Responsiveness 為對於高成就者的成就認可 (B)Paragon 為後繼者立下學習典範 (C)Record為對於高成就者的成就回憶 (D)Respect為對於高成就者的敬意。

（ ）129. 下列何者不是獎勵旅遊可以增加旅行社的整體效益？ (A)當旅客多的時

候，可以降低旅遊成本　(B)彼此熟悉的旅客可以強化旅遊產品的品質 (C)業者不需要多花精力招攬旅客　(D)可以趁機提高旅客收費，以增加旅 行社收入。

（　）130. 規劃國際會議眷屬旅遊時，需要特別注意：　(A)規劃專業活動　(B)規劃 長途旅行　(C)規劃徒步旅行　(D)強調行程的安全性和流暢性。

（　）131. 規劃會後旅遊臺北市參訪活動時，下列何者不宜列入參訪行程之中？ (A)故宮博物院　(B)101大樓　(C)中正紀念堂　(D)總統辦公室。

（　）132. 下列何者可以成為鼓勵國外公司到臺灣旅遊的誘因地點？　(A)臺北101 (B)觀光夜市　(C)故宮　(D)以上皆是。

（　）133. 因為參加獎勵旅遊者多為大型企業的績優員工，屬於高消費顧客群。所 以下列那一項競爭力不列為辦理獎勵旅遊的考量事項？　(A)景點競爭力 (B)美食競爭力　(C)交通競爭力　(D)價格競爭力。

（　）134. 以下何者不是獎勵旅遊所要表達公司舉辦的原因？　(A)公司對於員工的 感謝　(B)公司回饋的誠意　(C)公司對於員工的關懷　(D)公司公關形象和 雄厚的財力。

（　）135. 接待購物服務時，如果遇到購物不滿意，或是感覺物品有瑕疵，依據消 費者保護法第19條規定，則在OO天中可以退回商品或是進行更換新品？ (A)7日內　(B)15日內　(C)30日內　(D)不可能退換處理。

（　）136. 下列何者不是執行獎勵旅遊業者的行銷方式？　(A)刊登雜誌專刊　(B)拜 訪企業主　(C)國際旅展設置攤位　(D)贊助菸酒廣告活動。

（　）137. 在會場為了避免無線麥克風彼此之間的互相干擾，產生擾人的音頻噪 音，應注意麥克風的：　(A)品牌　(B)音質　(C)音量　(D)頻率。

（　）138. 下列何者不屬於國際會議中的同步翻譯設備？　(A)手機　(B)翻譯室主機 (C)紅外線接收器　(D)耳機。

（　）139. 下列國際會議的現場翻譯工作，何者影響與會貴賓現場即席的理解 程度，較不適合進行？　(A)連續口譯（consecutive interpretation） (B)同步口譯（simultaneous interpretation）　(C)耳語口譯（whisper interpretation） (D)非同步口譯（asynchronous interpretation）。

( ) 140. 下列那一種不是國際會議透過網際網路可行的功能？ (A)報名 (B)展示會議資料 (C)線上繳交論文 (D)國際會議MSN。

( ) 141. 會議紀錄的英文應如何拼法？ (A)meeting minutes (B)meeting outlines (C)meeting stories (D)meeting files。

( ) 142. 下列何者不是國際會議中節能減碳常用的方式？ (A)減少會議天數 (B)採用光碟式論文集 (C)隨手關燈 (D)使用雙面影印。

( ) 143. 下列那一種方式不是國際會議會場布置的方式？ (A)劇場型布置 (B)教室型布置 (C)空心方型布置 (D)梅花型布置。

( ) 144. 國際會議因應訓練之需要，提供下列工作人員所需的手冊為何？ (A)大會工作手冊 (B)大會環保手冊 (C)大會參觀手冊 (D)大會觀光手冊。

( ) 145. 下列何者為國際學術會議的報名作業流程？(1)確認研討會報名規則；(2)整理報名送件名單；(3)印製報名名冊；(4)寄送報名確認函。 (A)(3)(2)(1)(4) (B)(1)(2)(4)(3) (C)(2)(3)(1)(4) (D)(2)(3)(4)(1)。

( ) 146. 大會籌備工作會議舉辦的頻率，下列何者為非？ (A)會展前6個月，至少每個月舉辦一次 (B)會展前3-6個月，至少3週舉辦一次 (C)會展前3個月，至少每10天舉辦一次 (D)會展前一週，至少每天舉辦一次。

( ) 147. 下列定期展出的展覽包括：COMPUTEX TAIPEI、TIMTOS、AMPA、TAITRONICS等，都稱為： (A)專業展 (B)博覽會 (C)綜合展 (D)水平展。

( ) 148. 國家會展中心，即為： (A)南港展覽館2館 (B)世貿中心 (C)高雄世貿會展中心 (D)以上皆非。

( ) 149. 下列何者不是南港展覽館（2館）興建完成之後，將建構整合鄰近聚落所產生的「聚落效應」地區？ (A)南港軟體園區 (B)內湖科學園區 (C)南港生技園區 (D)桃園航空城。

( ) 150. 下列何者不是參展廠商可以運用的會展行銷空間？ (A)參展攤位空間 (B)型錄展示區 (C)新聞室 (D)周邊馬路隨意散發型錄。

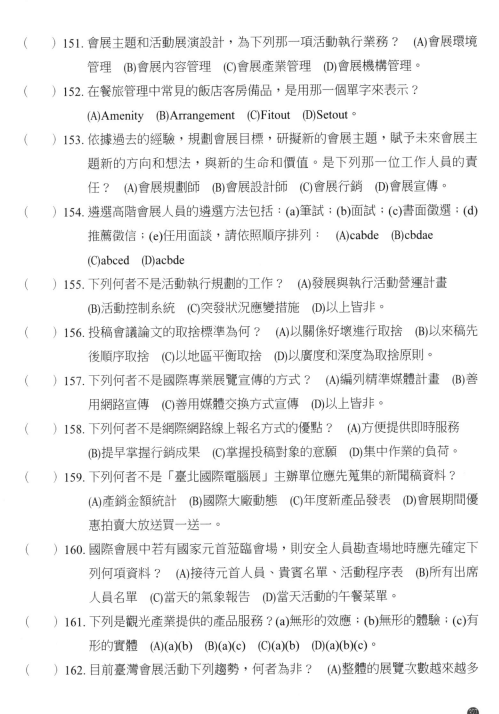

（　）151. 會展主題和活動展演設計，為下列那一項活動執行業務？　(A)會展環境管理　(B)會展內容管理　(C)會展產業管理　(D)會展機構管理。

（　）152. 在餐旅管理中常見的飯店客房備品，是用那一個單字來表示？
(A)Amenity　(B)Arrangement　(C)Fitout　(D)Setout。

（　）153. 依據過去的經驗，規劃會展目標，研擬新的會展主題，賦予未來會展主題新的方向和想法，與新的生命和價值。是下列那一位工作人員的責任？　(A)會展規劃師　(B)會展設計師　(C)會展行銷　(D)會展宣傳。

（　）154. 遴選高階會展人員的遴選方法包括：(a)筆試；(b)面試；(c)書面徵選；(d)推薦徵信；(e)任用面談，請依照順序排列：　(A)cabde　(B)cbdae
(C)abced　(D)acbde

（　）155. 下列何者不是活動執行規劃的工作？　(A)發展與執行活動營運計畫
(B)活動控制系統　(C)突發狀況應變措施　(D)以上皆非。

（　）156. 投稿會議論文的取捨標準為何？　(A)以關係好壞進行取捨　(B)以來稿先後順序取捨　(C)以地區平衡取捨　(D)以廣度和深度為取捨原則。

（　）157. 下列何者不是國際專業展覽宣傳的方式？　(A)編列精準媒體計畫　(B)善用網路宣傳　(C)善用媒體交換方式宣傳　(D)以上皆非。

（　）158. 下列何者不是網際網路線上報名方式的優點？　(A)方便提供即時服務
(B)提早掌握行銷成果　(C)掌握投稿對象的意願　(D)集中作業的負荷。

（　）159. 下列何者不是「臺北國際電腦展」主辦單位應先蒐集的新聞稿資料？
(A)產銷金額統計　(B)國際大廠動態　(C)年度新產品發表　(D)會展期間優惠拍賣大放送買一送一。

（　）160. 國際會展中若有國家元首蒞臨會場，則安全人員勘查場地時應先確定下列何項資料？　(A)接待元首人員、貴賓名單、活動程序表　(B)所有出席人員名單　(C)當天的氣象報告　(D)當天活動的午餐菜單。

（　）161. 下列是觀光產業提供的產品服務？(a)無形的效應；(b)無形的體驗；(c)有形的實體　(A)(a)(b)　(B)(a)(c)　(C)(a)(b)　(D)(a)(b)(c)。

（　）162. 目前臺灣會展活動下列趨勢，何者為非？　(A)整體的展覽次數越來越多

(B)觀光產業會展數量有上升的趨勢　(C)推銷的產品以全球外包作業進行管銷　(D)以上皆非。

（　）163. 下列何者為我國現階段發展會展的主要競爭國家？　(A)美國　(B)法國　(C)德國　(D)韓國。

（　）164. 會展產業的供應鏈涉及商品生產及服務部門，下列何者並非會展產業重要之組成？　(A)餐飲業者　(B)會議顧問公司　(C)旅行社　(D)製造業廠商。

（　）165. 全球經濟對於會展產業有潛在的影響。然而，在2020年會展因為新冠肺炎造成的衰退現象相當明顯。會展行銷人員的任務為：　(A)立即轉業　(B)提高行銷預算　(C)降價促銷　(D)全力穩住指標性對象。

（　）166. 下列何者不是挑選會議服務承包商所進行的評估事項？　(A)積極主動　(B)提供專業意見　(C)良好溝通能力　(D)價格非常低廉。

（　）167. 下列何者不是參展廠商必備的展前準備事項？　(A)清楚的參展目標　(B)獨特的攤位設計　(C)專業服務人員現場行銷　(D)龐大的參展預算。

（　）168. 下列何者是會展考慮的行銷費用？(a)郵電費用；(b)機要費；(c)廣告刊登費用；(d)餐飲費；(e)網路設計費；(f)網站空間租用費；(g)住宿費　(A)acef　(B)abcd　(C)acde　(D)bdefg。

（　）169. 在會展活動編列預算時，下列原則何者為非？　(A)考慮時間限制　(B)撙節經費　(C)保留預算的彈性　(D)儘量不花錢。

（　）170. 「組織管理部門猶如器官，在其管理的機構中，負責生命能源和行動的機能；但更重要的是，缺乏管理部門，組織只是一群烏合之眾。」是誰說的？　(A)彼得克拉克　(B)麥可波特　(B)保羅克魯曼　(D)羅伯孟代爾。

（　）171. 大型會展公司衍生的業別，何者有誤？　(A)PCO　(B)PEO　(C)DMC　(D)CVB。

（　）172. 國際大型會展公司業務涵括會展、旅館、餐飲項目。下列何者不是會展、旅館、餐飲總經理執掌範圍內的部門？　(A)會計部門、工程部門　(B)客房部門、安全部門　(C)餐飲部門、行銷及銷售部門　(D)新聞部門、

媒體公關部門。

( ) 173. 下列何者不是2020年之後我國大型國際會議可能舉辦的場所？ (A)臺北國際會議中心 (B)臺北南港展覽館2館 (C)高雄展覽館 (D)臺北國父紀念館。

( ) 174. 專業化的展覽發展，帶動了展覽觀念的變化。例如參展者和參觀者越來越重視資訊和技術交流，其表現形式則是「展覽會」，依其展出的專業性可區分為： (A)國際展、國內展 (B)批發展、零售展 (C)一般展覽、特殊展覽 (D)博覽會、專業展、綜合展。

( ) 175. 下列何者為參展廠商願意繳費參展最重要的動機？ (A)價格因素 (B)服務因素 (C)交通因素 (D)參展效益。

( ) 176. 下列何者為成功展覽活動的受惠者？ (A)主辦單位 (B)參展廠商 (C)買主 (D)以上皆是。

( ) 177. 下列何項設施不列為展場的安全設施裝置？ (A)二氧化碳偵測器 (B)消防栓 (C)容留人數標示牌 (D)服務台。

( ) 178. 若是在會議中發生火警，應如何處置？ (A)了解火場情況，隨時通報，立即關閉電源，將電梯降至底層後關閉使用 (B)啟動機房消防滅火系統，確保消防供水、供電暢通無阻 (C)劃設禁區，派員進行現場警戒 (D)以上皆是。

( ) 179. 下列何者不是會展主管機關要求的空氣品質標準監測氣體？ (A)一氧化碳 (B)揮發性有毒物質 (C)二氧化碳 (D)多氯聯苯。

( ) 180. 為了疏散世貿展覽中心展場的交通，應以下列何者方式進行處理交通流量的問題？ (A)限制展出內容 (B)限制參展廠商使用車輛數目 (C)限制展出時間 (D)採取分時分區進出展場。

( ) 181. 以下何者不是展覽問卷調查的對象？ (A)參展廠商 (B)參觀買主 (C)協辦單位 (D)參觀觀眾。

( ) 182. 下列何者不是未來參展廠商對於攤位的設計理念？ (A)環保 (B)創新 (C)節能 (D)省錢。

( ) 183. 下列何者不是會展主辦單位的管理策略？ (A)事先提醒 (B)事中管控 (C)事後檢討 (D)不告不理。

( ) 184. 下列何者不是參展廠商對於貴重物品展出時的保護方式？ (A)不准參觀 (B)投保意外險 (C)加派保全保護 (D)非展出期間及夜間上鎖。

( ) 185. 下列何者不列為展覽徵展企劃書的內容？ (A)徵展時間和地點 (B)攤位價格 (C)展場地圖 (D)廁所配置。

( ) 186. 會議展覽活動進行期間，若遇到政治抗議等干擾現場的事件，應由何人出面解決？ (A)會議管理顧問公司 (B)會議主持人 (C)主辦單位 (D)贊助廠商。

( ) 187. 有關2020年世界新車大展，訂於2019年12月28日至2020年1月5日於臺北世貿一館舉行，下列何者不是會展行銷人員優先考慮的行銷媒體？ (A)美國紐約時報廣場看板 (B)臺北捷運車廂廣告 (C)桃園國際機場燈箱廣告 (D)專業中文雜誌專欄。

( ) 188. 下列何者不是展覽的基本元素？ (A)展出時間 (B)場外遊客 (C)展覽場地 (D)展覽商品。

( ) 189. 下列何者不是德國的展覽中心？ (A)杜塞爾多夫展覽中心 (B)漢諾威展覽中心 (C)科隆展覽中心 (D)Fira Gran Via。

( ) 190. 下列敘述何者為非？ (A)德國為世界第一的展覽大國 (B)全球三分之二的全球性主導商品的貿易展覽在德國展出 (C)德國、義大利、法國、英國都是世界級的會展產業大國 (D)歐洲會展中心的資格已經為亞洲所取代。

( ) 191. 下列何者是德國專業展覽成功的原因？ (A)展館高知名度 (B)合理的場地成本 (C)參展廠商的高度參與 (D)以上皆是。

( ) 192. 下列會展大國敘述何者為非？ (A)中南美洲近年來積極發展會展產業，其會展產業經濟產值約為20億美元。其中以阿根廷位居第一 (B)美國妥善結合會議與觀光產業，並且發揮強大的政治與經濟影響力 (C)新加坡在石油危機之後，發展會產業以帶動觀光業的發展 (D)在國際獎勵旅遊

專業展方面，德國是居於首位的世界會展強國。

( ) 193. 下列IMEX的敘述何者有誤？ (A)IMEX全稱為「世界會議和獎勵旅遊展」 (B)IMEX是世界上規模最大，層次最高的專業會議和獎勵旅遊展覽 (C)IMEX針對一般大眾開放，每年吸引各國遊客前來觀賞 (D)IMEX每年在德國的法蘭克福展覽中心舉辦。

( ) 194. 2010年上海舉辦世界博覽會及臺北舉辦國際花卉博覽會，依專業性屬於下列那一項展出？ (A)博覽會 (B)專業展 (C)綜合展 (D)以上皆非。

( ) 195. 國際專業展主辦單位依據下列項目，選擇展覽的場地： (A)展場地理位置 (B)未來需求分析 (C)當地交通及周邊服務之配套措施 (D)以上皆是。

( ) 196. 在2019年國際會議舉辦最多的國家為： (A)美國 (B)德國 (C)西班牙 (D)法國。

( ) 197. 在2019年全球舉辦國際會議最多的城市為： (A)巴黎 (B)維也納 (C)巴塞隆那 (D)新加坡。

( ) 198. 在2019年國際會議主題方面，舉辦次數最多的會議主題為： (A)醫學 (B)技術 (C)科學 (D)產業。

( ) 199. 下列何者不是國際會展考慮的重點？ (A)交通便利 (B)設施完善 (C)空間寬廣 (D)以上皆非。

( ) 200. 一般展覽的展出的攤位面積需要以實際的坪數計算，每一單位的標準攤位面積以多少平方公尺計算？ (A)1m×1m (B)2m×2m (C)3m×3m (D)4m×4m。

( ) 201. 國內有許多大型展場的展出面積包含柱子面積，需要從場地面積中扣除。這些柱子面積占攤位面積的： (A)0.5m×0.5m (B)1m×1m (C)1.25m×1.25m (D)2m×2m。

( ) 202. 參展廠商需要自行尋找承建商承包攤位裝潢，承租的攤位費用不包含裝潢和展示設備，都需要自行接洽裝潢商。搭建的攤位形式，包含： (A)標準攤位 (B)島式攤位 (C)半島式攤位 (D)以上皆是。

（　）203. 在籌備會展的時候，應如何看待團體參展的籌組人？　(A)中間商　(B)參展者　(C)中間人，也是參展者　(D)以上皆非。

（　）204. 非營利組織（Non-Profit Organization, NPO）在國際會展組織型態中，扮演了很重要的角色。所謂非營利組織，是指其設立的目的，並不是在獲取財務上的利潤；而且在本質上，不具備下列那項特質？　(A)非營利　(B)非政府　(C)公益、自主性、自願性　(D)其淨盈餘得分配給組織成員。

（　）205. 以協調同業關係，增進共同利益，促進社會經濟建設為目的，由同一行業之單位、團體或同一職業之從業人員組成之團體，稱為：　(A)職業團體　(B)公益團體　(C)商業團體　(D)社會團體。

（　）206. 以推展文化、學術、醫療、衛生、宗教、慈善、體育、聯誼、社會服務或其他以公益為目的，由個人或團體組成之團體，稱為：　(A)職業團體　(B)公益團體　(C)商業團體　(D)社會團體。

（　）207. 依據《人民團體法》第43條規定，社會團體（例如：中華國際會議展覽協會）理事會、監事會，多久至少舉行會議一次？　(A)每週　(B)每個月　(C)三個月　(D)六個月。

（　）208. 中華民國展覽暨會議商業同業公會，屬於：　(A)職業團體　(B)公益團體　(C)公司行號　(D)社會團體。

（　）209. 中華民國展覽暨會議商業同業公會，依據《人民團體法》第29條及商業團體法第31條規定，理監事會多久至少舉行會議一次？　(A)每週　(B)每個月　(C)三個月　(D)六個月。

（　）210. 依《所得稅法》及相關法規的規定，教育、文化、公益、慈善機關或團體，符合行政院規定標準者，其本身的所得及其附屬作業組織的所得，應：(a)免予扣繳；(b)採取定額免稅者，其超過起扣點部分仍應扣繳；(c)一律扣繳；(d)一律免稅。　(A)(a)(b)　(B)(a)(d)　(C)(c)　(D)(b)。

（　）211. 下列何者不是非營利組織（NPO）領導者的性格特質？　(A)堅持理念、專業判斷　(B)積極投入、道德訴求　(C)具備通權達變的領導觀念，以因應國際會展場合瞬息萬變的變化情形　(D)具備商業頭腦，具備經商致富

的能力。

（　）212.密西根大學學者李克特（R. Likert）認為，領導者需要完全以外力控制維持領導局面的封閉式系統為：　(A)剝削／獨裁式領導　(B)仁慈／專制式領導　(C)諮商／民主式領導　(D)參與／民主式領導。

（　）213.一個有效的領導者，其最重要的工作即是診斷和評估可能影響領導效能的情境因素，然後再據以選擇最適合領導的方式，稱為：　(A)情勢論　(B)過程論　(C)決定論　(D)領導論。

（　）214.下列何者為X理論所認同？　(A)人性本惡　(B)管理者無需用強迫方式達到目的　(C)員工天生喜歡工作　(D)員工具備工作潛力。

（　）215.趨向於制定嚴格的規章制度，讓一般員工遵守，以減低員工怠惰而造成公司營運的傷害，是那一種理論？　(A)X理論　(B)Y理論　(C)Z理論　(D)以上皆非。

（　）216.下列那一種理論是引用自日本企業文化？　(A)X理論　(B)Y理論　(C)Z理論　(D)以上皆非。

（　）217.下列何者為Y理論者所贊同？　(A)人性本惡　(B)員工不會逃避責任　(C)一般員工人對組織目標漠不關心，因此管理者需要以強迫、威脅、處罰的方式，命令員工付出努力　(D)一般員工缺少進取心。

（　）218.一般員工不僅會接受工作上的責任，並會追求更大的責任挑戰，以創新能力解決問題，是那一種理論？　(A)X理論　(B)Y理論　(C)Z理論　(D)以上皆非。

（　）219.下列那一種不屬於雷定（W. J. Reddin）所提出三構面理論（3-D Theory）？　(A)任務　(B)關係　(C)領導　(D)勇氣。

（　）220.下列那一項不屬於豪斯（R. J. House）提出的「路徑－目標理論」（Path-Goal Theory）範疇？　(A)工作動機　(B)工作滿足　(C)對領導者是否接受　(D)對屬下是否愛護。

（　）221.依據對人類生存的動機，提出人類需求理論，他認為人類行為動機是相互關聯的，例如對於食物、衣服、空氣、水、性等基本生活需求滿足之

後，接下來就有安全（住）、遊憩（行）的動機和行為產生的學者為：
(A)雷定　(B)馬斯洛　(C)豪斯　(D)佛洛依德。

(　) 222. 下列何者為針對特定主題尋求解決方案時，利用議題討論的方式，以激發眾多想法的創意開發技巧？　(A)腦力激盪法　(B)系統工程法　(C)德爾菲法　(D)迴歸分析法。

(　) 223. 下列對於會展微型企業的描述，何者為非？　(A)一年的營業額在新臺幣一億元以下者，經常僱用員工人數未滿50人者　(B)公司經營人數在20人以下者　(C)通常創業資金不超過新臺幣100萬元　(D)以個人工作室的型態跨界PCO和PEO的發展。

(　) 224. 目前中小型會展組織的財務來源，不包括：　(A)政府補助　(B)會員會費收入（含利息）　(C)企業贊助　(D)房屋仲介費用。

(　) 225. 下列何者不是會展產業人才特色？　(A)專業性高　(B)機動性高　(C)流動性高　(D)自主性高。

(　) 226. 目前會議展覽人員認證考試為證書制，而非證照制，認證程序不包括：
(A)資格審查　(B)考試　(C)發予證書　(D)推薦甄試。

(　) 227. 下列全球的那一洲會議市場在2019年仍然超過5成的占有率，仍然居於全球的會議中心寶座？　(A)亞洲　(B)歐洲　(C)美洲　(D)澳洲。

(　) 228. MICE Bidding的「Bidding」的意思是？　(A)邀標　(B)競標　(C)圍標　(D)綁標。

(　) 229. request for a bid proposal簡稱為RFP，中文翻譯為：　(A)邀標書　(B)競標書　(C)圍標書　(D)綁標書。

(　) 230. 下列何者不是國際會議策展政策中的舉辦方式？　(A)會員國輪流主辦　(B)地區性輪流主辦　(C)以競標方式爭取承辦　(D)以國家武力爭取承辦。

(　) 231. 不隨著參加會議的人數而有所變動，即使實際收益少於預期收益時，也不會改變的成本為：　(A)固定成本　(B)變動成本　(C)餐飲費用　(D)稅付金額。

(　) 232. 設備折舊、員工薪資、餐飲費用、住宿費用及稅付金額，可歸類為：

(A)有形成本　(B)無形成本　(C)有形利益　(D)無形利益。

（　）233. 午餐依據舉辦會議情形，可以採用自助餐形式、桌餐形式或是便當形式進行。其中下列何者可以採用使用人數估計而沒有爭議？(a)自助餐；(b)便當；(c)桌餐。　(A)(a)(b)　(B)(b)(c)　(C)(a)(c)　(D)(a)(b)(c)。

（　）234. 一般在飯店用餐，如果自帶酒類及飲料消費，飯店通常需要酌收酒類及飲料的：　(A)酒水費　(B)稅金　(C)服務費　(D)場地費。

（　）235. 在舉辦會議時，需要籌組相關組織，在中國大陸稱呼的組織委員會，簡稱「組委會」，也就是我們慣稱的：　(A)執行委員會　(B)秘書處　(C)籌備委員會　(D)指導委員會。

（　）236. 負責會展政策原則之籌劃，會展組織中最高行政機構為：　(A)執行委員會　(B)秘書處　(C)籌備委員會　(D)指導委員會。

（　）237. 在國際會議中，國外慣稱的科學顧問委員會或技術委員會（Scientific Advisory Committee or Technical Committee），負責保證國際會議論文合乎國際學術水準，在臺灣簡稱為學術委員會或是：　(A)執行委員會　(B)秘書處　(C)論文審查委員會　(D)指導委員會。

（　）238. 負責具體實施會展中執行委員會決定的與會議籌備相關的一切事宜，並且設置Chief Executive Officer, CEO，又稱為：　(A)執行長　(B)秘書長　(C)總幹事　(D)以上皆是。

（　）239. 以下何者為展覽管理中「黃金六秒」的正確解釋？　(A)工作人員回覆目標觀眾提問的時間不要超過六秒鐘　(B)在目標觀眾在攤位停留六秒鐘之內，留下深刻的印象　(C)在六秒中之內，工作人員想到如何回答目標觀眾的標準答案　(D)六秒鐘之內為目標觀眾準備一杯飲料，讓他賓至如歸。

（　）240. 當會議附屬於展覽，並且同時舉行時，為了避免參加會議的聽眾太少，應該招募　(A)以參展廠商為聽眾對象　(B)以附近居民為聽眾對象　(C)以參觀觀眾為聽眾對象　(D)以上三者都是招募對象。

（　）241. 設施商負責會場中展覽設施及臨時性設施，下列何者不是設施商所搭建

的臨時性設施？　(A)新聞發布室　(B)專題講座室　(C)展團臨時辦公室
(D)永久性廁所。

（　）242. 將座位排列成半圓形或馬蹄形，使所有與會者皆能面對圓心的排法。此
種適合小型聚會，鼓勵更積極的參與，並且讓參加者能做筆記並參與小
組討論，稱為：　(A)U Shaped　(B)Boardroom　(C)V Shaped　(D)Hollow
Shaped。

（　）243. 為了順利辦理活動，籌備工作會議辦理的頻率應訂定下列的時間表：
(A)會展前6個月，至少每個月辦理一次　(B)會展前3～6個月，至少每3星
期辦理一次　(C)會展前3個月，至少每10天辦理一次　(D)以上皆是。

（　）244. 舉辦會議時為了確實掌握出席宴會人員狀況，通常以法文縮寫註明
R.S.V.P.（Repondez s'il vous plait）的字樣，意思是：　(A)請查照　(B)請
回覆　(C)請光臨　(D)以上皆非。

（　）245. 正式宴會（banquet）即為正式大會晚宴，賓主需要按照身份排列依序就
座。下列何者為正式宴會上菜順序？(a)冷盤、(b)熱湯、(c)主菜、(d)甜
點、(e)水果。　(A)abcde　(B)acbde　(C)cabde　(D)acdeb。

（　）246. 晚宴表演節目中邀請劉謙表演的魔術屬於：　(A)舞蹈類　(B)戲劇類
(C)樂團類　(D)以上皆非。

（　）247. 晚宴表演節目中邀請民間雜耍表演屬於：　(A)舞蹈類　(B)戲劇類　(C)樂
團類　(D)民俗技藝類。

（　）248. 對於信奉伊斯蘭教的與會貴賓在齋月內白天禁食，因此宴會適合宴請
在：　(A)日出之後　(B)中午　(C)下午　(D)日落之後。

（　）249. 在籌備會展時應考慮與會者之飲食禁忌，例如：　(A)素食者茹素、佛
教徒不吃豬肉　(B)伊斯蘭教徒不吃豬肉、猶太教徒不吃沒有鱗片的海鮮
類，食用肉不可帶血，而且不吃牛羊豬肉　(C)美國人不吃動物內臟、環
保人士不吃保育類動物　(D)以上皆是。

（　）250. 對於各種餐宴的禁忌，必須特別留意，例如，回教徒不吃下列食物？
(A)牛肉　(B)豬肉　(C)羊肉　(D)魚肉。

（　）251. 在臺灣，稱為「飯店」、「旅館」，在中國大陸稱為「酒店」的住宿建築是？　(A)Motel　(B)Hotel　(C)Restaurant　(D)Dinner House.

（　）252. Banquet一般指的是：　(A)開幕會　(B)午餐頒獎會　(C)接待會　(D)晚宴。

（　）253. 下列何者不是帶領貴賓在飯店櫃臺報到時，需要領取的必備物品？
(A)房間鑰匙　(B)早餐券　(C)雜誌　(D)轉接插頭、網路傳輸線。

（　）254. 會議舉辦完畢之後，需要協助辦理大會貴賓退房，如果一切費用都是由主辦單位招待支應，下列何項不是主辦單位應付給飯店的額外費用？
(A)網路、傳真　(B)付費電視　(C)貴賓在房間冰箱、飯店內酒吧消費的額外費用　(D)以上費用都不要管。

（　）255. 在會議中場休息的茶敘時間以30分鐘之內為宜，可放置點心飲料供應與會者交誼之用，稱為：　(A)Tea Break　(B)Time Break　(C)Time Rest
(D)以上皆非。

（　）256. 下列會場人員統一製作的識別證中，何者不需製作？　(A)貴賓證　(B)長官證　(C)記者證　(D)工作證。

（　）257. 下列何者不是國際會議新聞稿撰寫的要訣：　(A)使用單位表頭（letter head）繕發新聞　(B)採用簡潔有力、引人注目的新聞標題　(C)提供新聞稿內容越詳細冗長越好　(D)依據人、事、時、地、物表達清晰的事件狀況，並且提供準確的數字資料。

（　）258. 易於達到社會各類階層，可傳播較為新穎的觀念；可依地方性及全國性版面進行市場區隔；可以改變宣導廣告的版面及內容，且易於安排會展時程的宣導。屬於下列何項媒體的特色？　(A)電視　(B)報紙　(C)雜誌
(D)廣播。

（　）259. 可以編列精準媒體計畫，善用媒體交換等方式宣傳，可以節省經費。而且產品生命周期較長，刊登版面較多，可以有歷史資料的保留空間。屬於下列何項媒體的特色？　(A)電視　(B)報紙　(C)網路　(D)廣播。

（　）260. 影音廣告多使用於下列何項會展之中？　(A)專業展　(B)國際會議　(C)消

費展　(D)地方會議。

（　）261. 會議展覽時如遇有SARS的時候應如何處置？　(A)活動暫緩　(B)大會門口發放口罩　(C)延期舉辦　(D)以上皆是。

（　）262. 展覽行銷工作什麼時候才能夠停止？　(A)完成參展廠商召募之後　(B)完成展覽布置之後　(C)展覽結束之後　(D)在下屆展覽召募行銷工作開始之後。

（　）263. 因為國際會議論文集屬於正式出版刊物，為因應研討會出版管理的需要，需要申請「國際標準書號」（International Standard Book Number，簡稱ISBN），以利國際間出版品的交流和統計。請問ISBN應向那一個單位申請？　(A)新聞局　(B)教育部　(C)文建會　(D)國家圖書館。

（　）264. Announcement在國際會議中，應翻譯為：　(A)會議通告書　(B)論文集　(C)大會手冊　(D)大會注意事項。

（　）265. 下列何者屬於沈重而且較為不環保的資料，為國際友人所排斥攜帶？
(A)油墨印刷資料　(B)光碟類型的資料　(C)USB類型的資料　(D)以上皆是。

（　）266. 在績效函數中，績效 = f（X, Y, Z）的函數。在此，X, Y, Z分別代表的是：　(A)能力、學歷、背景　(B)學歷、機會、背景　(C)學歷、能力、機會　(D)激勵、能力、機會。

（　）267. 在經濟部的官方統計數據資料中，會展的策略績效年度目標值，是以會議次數列為計算，其中包括：　(A)雙邊經貿諮商及合作會議的次數　(B)協助國內民間團體或業者爭取在臺舉辦國際會議的次數　(C)以上皆是　(D)以上皆非。

（　）268. 會展定性研究的主要方法包括：　(A)小組面談　(B)個人深度訪談　(C)買主登錄資料統計、分類、分析等　(D)以上皆是。

（　）269. 在政府委託民間會展組織辦理活動簽訂的契約中，以下敘述何者為真？
(A)主體中，付款的客戶組織是政府（甲方），提供產品或服務的是會展組織（乙方）　(B)如果會展組織和政府簽的契約，政府部門大多是甲方

(C)契約簽訂中誰占主導地位，誰就是甲方　(D)以上皆是。

( )270. 全世界市值最大的博弈集團—金沙集團在世界上投資產業分布位置的敘述，何者為非？　(A)Sands Hong Kong　(B)Las Vegas Sands　(C)Marina Bay Sands　(D)Resort World at Sentosa。

( )271. 下列何者不是會展「審定」機構？　(A)歐洲的德國展覽會統計資料自願審核協會（FKM）　(B)法國數據評估事務所（OJS）　(C)美國的數據審計公司（BPA）　(D)德國展覽協會（AUMA）

( )272. 會展的經濟活動影響，包括：地方餐廳、旅館、商店、供應商之間的交流活動，這些交易活動主要是以何種方式呈現？　(A)旅客支出方式　(B)廠商支出方式呈現　(C)不對價關係呈現　(D)以上皆非。

( )273. 會展活動因非經營因素導致的投資風險，例如戰爭、自然災害、經濟衰退等，稱為：　(A)市場風險　(B)經營風險　(C)舉債風險　(D)合作風險。

( )274. 招商不順、宣傳效果不佳、出現新的競爭者，以及經營不善導致的組織倒閉風險等，稱為：　(A)市場風險　(B)經營風險　(C)舉債風險　(D)合作風險。

( )275. 根據赫茲柏（F. Herzberg）的雙因子「激勵─保健」理論，我們可以把現有的會展目標管理指數分為：　(A)管控　(B)激勵　(C)以上皆是　(D)以上皆非。

( )276. 產品生命週期可用於績效管理，下列敘述何者為真？　(A)激勵型績效管理，適用於產品發展階段中的成熟期　(B)管控型績效管理，適用於產品發展階段中的成長期　(C)以上皆是　(D)以上皆非。

( )277. 根據赫茲柏（F. Herzberg）的雙因子「激勵─保健」理論，關鍵績效指標（Key Performance Index, KPI）中激勵部分為何？　(A)獎勵　(B)機會　(C)價值觀與信念　(D)以上皆是。

( )278. 採取關鍵績效指標（KPI）和目標管理（MBO），從管理的目的來看，評估的宗旨是在加強：　(A)組織整體業務指標　(B)強化部門重要工作領域　(C)個人關鍵任務　(D)以上皆是。

（　）279. 從會展管理成本來看，採取關鍵績效指標（KPI）和目標管理（MBO）
不包括下列哪些優點？　(A)有效節省考核成本　(B)減少主觀考核的問題
(C)減少考核時間　(D)增加部門麻煩。

（　）280. 下列何者不是兩岸推動簽署ECFA（目前服務貿易項目擱置中）主要有三
個目的之一？　(A)增進我國的國際地位　(B)推動兩岸經貿關係正常化
(C)避免我國在區域經濟整合體系中被邊緣化　(D)促進我國經貿投資國際
化。

（　）281. 根據行政院大陸委員會「接待大陸人士來台交流注意事項」，在國內舉
辦兩岸交流之會議活動時，大陸方面要求撤去我國國旗及元首肖像時，
應如何處理？　(A)堅持我國旗及元首肖像應維持原狀　(B)可於活動前，
與大陸方面溝通我方對此問題之處理方式，以避免使其認為我方有意作
此擺設　(C)於交流活動中，有媒體拍攝或照相時，如對方要求，可避免
將國旗及元首肖像攝入，以減少其「困擾」　(D)以上皆是。

（　）282. 目前區域經濟整合係為全球趨勢，目前全世界有將近247個自由貿易協
定，簽約成員彼此互免關稅，如果不能和主要貿易對手簽訂自由貿易協
定，我國將面臨下列何種威脅？　(A)被武力化　(B)被中心化　(C)被邊緣
化　(D)被國際化。

（　）283. 根據中華國際會議展覽協會的定義，一般展覽之統稱為：　(A)Fair
(B)Show　(C)Exhibition　(D)Demonstration。

（　）284. 根據中華國際會議展覽協會的定義，展出項目包括生產製作機具在內的
展覽稱為：　(A)Fair　(B)Show　(C)Exhibition　(D)Demonstration。

（　）285. 根據中華國際會議展覽協會的定義，通常結合動態展示或藉由演出
（秀）表現產品特色稱為：　(A)Fair　(B)Show　(C)Exhibition
(D)Demonstration。

（　）286. 經濟部國際貿易局訂定2010年臺灣會展躍升計畫的行銷主軸為：
(A)TAIWAN, THE PLACE TO MEET　(B)TAIWAN, TOUCH YOUR HEART
(C)TAIWAN, LONG STAY　(D)TAIWAN, KEEP YOUR EYES OPEN。

( ) 287. 下列敘述何者為非？　(A)會議和展覽同時辦理已經成國際趨勢　(B)會展同時辦理可以更加了解時代趨勢和創新知識　(C)會展帶動國內住宿、餐飲、交通、觀光、購物等方面的消費，促進國內經濟　(D)研討會僅為搭配專業性展覽的週邊活動。

( ) 288. 自從2009年6月臺灣即允許大陸會議服務業者在臺灣以何種方式設立商業據點，提供會議服務？　(A)獨資或合資　(B)合夥或是設立分公司　(C)以上皆是　(D)以上皆非（2016年擱置）。

( ) 289. 在2010年海峽兩岸經濟合作架構協議（ECFA）早期收穫清單中，臺灣允許下列那些單位來臺從事與臺灣會展產業之企業或公會、商會、協會等團體合辦的專業展覽？　(A)大陸企業　(B)事業單位　(C)與會展相關之團體或基金會　(D)以上皆非（2016年擱置）。

( ) 290. 在2010年海峽兩岸經濟合作架構協議（ECFA）早期收穫清單中，大陸在市場開放承諾下，允許臺灣會議服務提供者在大陸設立那一種單位，提供會議服務？　(A)獨資企業　(B)合資企業　(C)國有企業　(D)以上皆非。

( ) 291. 下列何者為ECFA的簽署後的會展產業利益？　(A)將有助增加兩岸會展產業的合作頻率　(B)擴大臺灣會展產業的規模　(C)提昇我國會展產業的優勢競爭力　(D)以上皆是。

( ) 292. 為推展會展行銷，政府應該推動全面性自由化的經貿策略，儘快與其他國家簽訂：　(A)保密協定　(B)自由貿易協定　(C)區域貿易協定　(D)關稅及貿易總協定。

( ) 293. 臺灣因為會展公司的規模都太小，從深遠處著眼，簽訂ECFA的下一步就是簽訂FTA，則FTA的中文為何？　(A)保密協定　(B)自由貿易協定　(C)區域貿易協定　(D)關稅及貿易總協定。

( ) 294. 如果臺灣和各國順利簽署自由貿易協定，其優點為何？　(A)整個東南亞都將會是臺灣的腹地　(B)有助於擴大會展產業的規模及國際化　(C)帶動會展專業人才的需求並提供就業機會　(D)以上皆是。

( ) 295. 在2021年已堂堂邁入第40年，成為全球著名的B2B專業電腦展為：

(A)COMPUTEX TAIPEI (B)TIMTOS (C)AMPA (D)TAIPEI CYCLE。

( ) 296. IMEX展最大特色在於善用資通訊（ICT）資源以提昇洽商效率，提供何種設施簡化與會者的報到流程？ (A)Front Desk (B)Internet (C)Kiosk (D)以上皆非。

( ) 297. 下列何者為我國參加國際展覽時布置的訣竅？ (A)設立臺灣館，並強化單一視覺設計，以擴大參展效益 (B)向國際會展產業界介紹臺灣的會展環境、設施，以及商務觀光資源 (C)強調臺灣的獨特人文風俗、自然景致，以及優越會展軟硬體設施 (D)以上皆是。

( ) 298. 下列何者為2010年下旬舉辦的國際會展計畫？ (A)2010年10月在泰國曼谷揭幕的「亞洲獎勵旅遊暨會議展」（IT & CMA） (B)2010年10月在印度海德拉巴舉行的「國際會議協會年會暨展覽」（ICCA Congress & Exhibition） (C)2010年11月在西班牙巴塞隆納市郊的Fira Gran Via舉行的「歐洲獎勵旅遊暨會議展」（EIBTM） (D)以上皆是。

( ) 299. 下列何者是我國政府對於展覽產業發提供的協助？ (A)擴建南港展覽館，加速展覽規模擴大 (A)整合同質性高展覽，以大展帶動小展，成熟展帶動新展，提高展覽綜效 (C)協助中南部地區會展產業發展 (D)以上皆是。

( ) 300. 下列何者不是舉辦高雄世界運動會和臺北聽障奧運會等大型國際盛會所帶來的利益？ (A)帶動城市經濟成長 (B)市政府經營場館直接盈利 (C)透過國際媒體宣傳提升國家及城市形象 (D)增加國際盛會舉辦經驗。

解答

1.(A) 2.(A) 3.(B) 4.(A) 5.(A) 6.(D) 7.(A) 8.(A) 9.(D) 10.(B) 11.(A)

12.(C) 13.(A) 14.(D) 15.(D) 16.(A) 17.(A) 18.(A) 19.(A) 20.(D) 21.(C) 22.(D)

23.(A) 24.(D) 25.(D) 26.(D) 27.(A) 28.(D) 29.(B) 30.(C) 31.(A) 32.(A) 33.(B)

34.(A) 35.(A) 36.(A) 37.(D) 38.(A) 39.(C) 40.(C) 41.(A) 42.(A) 43.(C) 44.(D)

45.(A) 46.(C) 47.(A) 48.(B) 49.(C) 50.(B) 51.(C) 52.(D) 53.(A) 54.(D) 55.(D)

56.(A) 57.(D) 58.(D) 59.(C) 60.(C) 61.(A) 62.(D) 63.(A) 64.(A) 65.(A) 66.(C)

67.(B) 68.(D) 69.(D) 70.(D) 71.(A) 72.(D) 73.(D) 74.(D) 75.(A) 76.(C) 77.(C)

78.(B) 79.(D) 80.(D) 81.(A) 82.(A) 83.(A) 84.(D) 85.(D) 86.(B) 87.(D) 88.(A)

89.(A) 90.(D) 91.(A) 92.(D) 93.(D) 94.(C) 95.(A) 96.(B) 97.(D) 98.(A) 99.(A)

100.(A) 101.(D) 102.(D) 103.(D) 104.(A) 105.(D) 106.(B) 107.(A) 108.(A) 109.(A) 110.(A)

111.(B) 112.(D) 113.(A) 114.(A) 115.(A) 116.(C) 117.(A) 118.(D) 119.(D) 120.(C) 121.(A)

122.(D) 123.(D) 124.(A) 125.(A) 126.(D) 127.(D) 128.(A) 129.(D) 130.(D) 131.(D) 132.(D)

133.(D) 134.(D) 135.(A) 136.(D) 137.(D) 138.(A) 139.(D) 140.(D) 141.(A) 142.(A) 143.(D)

144.(A) 145.(B) 146.(D) 147.(A) 148.(A) 149.(D) 150.(D) 151.(B) 152.(A) 153.(A) 154.(A)

155.(D) 156.(D) 157.(D) 158.(D) 159.(D) 160.(A) 161.(A) 162.(D) 163.(D) 164.(D) 165.(D)

166.(D) 167.(D) 168.(A) 169.(D) 170.(A) 171.(D) 172.(D) 173.(D) 174.(D) 175.(D) 176.(D)

177.(D) 178.(D) 179.(D) 180.(D) 181.(C) 182.(D) 183.(D) 184.(A) 185.(D) 186.(C) 187.(A)

188.(B) 189.(D) 190.(D) 191.(D) 192.(A) 193.(C) 194.(A) 195.(D) 196.(A) 197.(A) 198.(A)

199.(D) 200.(C) 201.(C) 202.(D) 203.(C) 204.(D) 205.(A) 206.(D) 207.(D) 208.(A) 209.(C)

210.(A) 211.(D) 212.(A) 213.(A) 214.(A) 215.(A) 216.(C) 217.(B) 218.(B) 219.(D) 220.(D)

221.(B) 222.(A) 223.(A) 224.(D) 225.(D) 226.(D) 227.(B) 228.(B) 229.(A) 230.(D) 231.(A)

232.(A) 233.(A) 234.(C) 235.(C) 236.(C) 237.(C) 238.(D) 239.(B) 240.(C) 241.(D) 242.(A)

243.(D) 244.(B) 245.(A) 246.(D) 247.(D) 248.(D) 249.(D) 250.(B) 251.(B) 252.(D) 253.(C)

254.(D) 255.(A) 256.(B) 257.(C) 258.(B) 259.(C) 260.(C) 261.(D) 262.(D) 263.(D) 264.(A)

265.(A) 266.(D) 267.(C) 268.(D) 269.(D) 270.(A) 271.(D) 272.(A) 273.(A) 274.(B) 275.(C)

276.(D) 277.(D) 278.(D) 279.(D) 280.(A) 281.(D) 282.(C) 283.(A) 284.(C) 285.(B) 286.(A)

287.(D) 288.(D) 289.(D) 290.(A) 291.(D) 292.(B) 293.(B) 294.(D) 295.(A) 296.(C) 297.(D)

298.(D) 299.(D) 300.(B)

Note

國家圖書館出版品預行編目資料

圖解：如何舉辦會展活動——SOP標準流程和
案例分析／方偉達著. ——二版.——臺北
市：五南圖書出版股份有限公司, 2016.03
面； 公分
ISBN 978-957-11-8536-1（平裝）

1. 會議管理 2. 商品展示

494.4 105002869

1L68 觀光書系

圖解：如何舉辦會展活動
SOP標準流程和案例分析

作 者 — 方偉達(4.4)

發 行 人 — 楊榮川

總 經 理 — 楊士清

總 編 輯 — 楊秀麗

副總編輯 — 黃惠娟

責任編輯 — 吳佳怡

封面設計 — 童安安

版式設計 — 董子瑛

插 畫 — 林采彤、孫沛晶

出 版 者 — 五南圖書出版股份有限公司

地 址：106台北市大安區和平東路二段339號4樓

電 話：(02)2705-5066 傳 真：(02)2706-6100

網 址：https://www.wunan.com.tw

電子郵件：wunan@wunan.com.tw

劃撥帳號：01068953

戶 名：五南圖書出版股份有限公司

法律顧問 林勝安律師事務所 林勝安律師

出版日期 2011年10月初版一刷
2014年10月初版四刷
2016年 3 月二版一刷
2021年10月二版五刷

定 價 新臺幣380元

經典永恆・名著常在

五十週年的獻禮——經典名著文庫

五南，五十年了，半個世紀，人生旅程的一大半，走過來了。

思索著，邁向百年的未來歷程，能為知識界、文化學術界作些什麼？

在速食文化的生態下，有什麼值得讓人雋永品味的？

歷代經典・當今名著，經過時間的洗禮，千錘百鍊，流傳至今，光芒耀人；

不僅使我們能領悟前人的智慧，同時也增深加廣我們思考的深度與視野。

我們決心投入巨資，有計畫的系統梳選，成立「經典名著文庫」，

希望收入古今中外思想性的、充滿睿智與獨見的經典、名著。

這是一項理想性的、永續性的巨大出版工程。

不在意讀者的眾寡，只考慮它的學術價值，力求完整展現先哲思想的軌跡；

為知識界開啟一片智慧之窗，營造一座百花綻放的世界文明公園，

任君遨遊、取菁吸蜜、嘉惠學子！